中华传统食材丛书

总主编 魏兆军 陈寿宏

油脂卷

主编 张齐 马菲菲
编委 王鑫 王睿 魏兆军

合肥工业大学出版社

国家出版基金项目
NATIONAL PUBLICATION FOUNDATION

图书在版编目（CIP）数据

中华传统食材丛书.油脂卷／张齐，马菲菲主编. —合肥：合肥工业大学出版社，2022.8

ISBN 978-7-5650-5113-5

Ⅰ.①中… Ⅱ.①张… ②马… Ⅲ.①烹饪—原料—介绍—中国 Ⅳ.①TS972.111

中国版本图书馆CIP数据核字（2022）第157747号

中华传统食材丛书·油脂卷

ZHONGHUA CHUANTONG SHICAI CONGSHU YOUZHI JUAN

张　齐　马菲菲　主编

项目负责人	王　磊　陆向军
责任编辑	王　丹
责任印制	程玉平　张　芹
出　　版	合肥工业大学出版社
地　　址	（230009）合肥市屯溪路193号
网　　址	www.hfutpress.com.cn
电　　话	基础与职业教育出版中心：0551-62903120 营销与储运管理中心：0551-62903198
开　　本	710毫米×1010毫米　1/16
印　　张	15.5　**字　数**　215千字
版　　次	2022年8月第1版
印　　次	2022年8月第1次印刷
印　　刷	安徽联众印刷有限公司
发　　行	全国新华书店
书　　号	ISBN 978-7-5650-5113-5
定　　价	139.00元

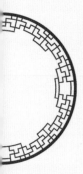

总序

健康是促进人类全面发展的必然要求，《“健康中国2030”规划纲要》中提出，实现国民健康长寿，是国家富强、民族振兴的重要标志，也是全国各族人民的共同愿望。世界卫生组织（WHO）评估表明膳食营养因素对健康的作用大于医疗因素。“民以食为天”，当前，为了满足人民日益增长的美好生活的需求，对食品的美味、营养、健康、方便提出了更高的要求。

中国传统饮食文化博大精深。从上古时期的充饥果腹，到如今的五味调和；从简单的填塞入口，到复杂的品味尝鲜；从简陋的捧土为皿，到精美的餐具食器；从烟火街巷的夜市小吃，到钟鸣鼎食的珍馐奇馔；从“下火上水即为烹饪”，到“拌、腌、卤、炒、熘、烧、焖、蒸、烤、煎、炸、炖、煮、煲、烩”十五种技法以及“鲁、川、粤、徽、浙、闽、苏、湘”八大菜系的选材、配方和技艺，在浩渺的时空中穿梭、演变、再生，形成了绵长而丰富的中华传统饮食文化。中华传统食品既要传承又要创新，在传承的基础上创新，在创新的基础上发展，实现未来食品的多元化和可持续发展。

中华传统饮食文化体现了“大食物观”的核心——食材多元化，肉、蛋、禽、奶、鱼、菜、果、菌、茶等是食物；酒也是食物。中国人讲究“靠山吃山、靠海吃海”，这不仅是一种因地制宜的变通，更是顺应自然的中国式生存之道。中华大地幅员辽阔、地大物博，拥有世界上最多样的地理环境，高原、山林、湖泊、海岸，这种巨大的地理跨度形成了丰富的物种库，潜在食物资源位居世界前列。

“中华传统食材丛书”定位科普性，注重中华传统食材的科学性和文化性。丛书共分为30卷，分别为《药食同源卷》《主粮卷》《杂粮卷》《油脂卷》《蔬菜卷》《野菜卷（上册）》《野菜卷（下册）》《瓜茄卷》《豆荚芽菜卷》《籽实卷》《热带水果卷》《温寒带水果卷》《野果卷》《干坚果卷》《菌藻卷》《参草卷》《滋补卷》《花卉卷》《蛋乳卷》《海洋鱼卷》《淡水鱼卷》《虾蟹卷》《软体动物卷》《昆虫卷》《家禽卷》《家畜卷》《茶叶卷》《酒品卷》《调味品卷》《传统食品添加剂卷》。丛书共收录了食材类目944种，历代食材相关诗歌、谚语、民谣900多首，传说故事或延伸阅读900余则，相关图片近3000幅。丛书的编者团队汇聚了来自食品科学、营养学、中药学、动物学、植物学、农学、文学等多个学科的学者专家。每种食材从物种本源、营养及成分、食材功能、烹饪与加工、食用注意、传说故事或延伸阅读等诸多方面进行介绍。编者团队耗时多年，参阅大量经、史、医书、药典、农书、文学作品等，记录了大量尚未见经传、流散于民间的诗歌、谚语、歌谣、楹联、传说故事等。丛书在文献资料整理、文化创作等方面具有高度的创新性、思想性和学术性，并具有重要的社会价值、文化价值、科学价

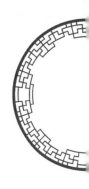

值和出版价值。

对中华传统食材的传承和创新是该丛书的重要特点。一方面，丛书对中国传统食材及文化进行了系统、全面、细致的收集、总结和宣传；另一方面，在传承的基础上，注重食材的营养、加工等方面的科学知识的宣传。相信“中华传统食材丛书”的出版发行，将对实现“健康中国”的战略目标具有重要的推动作用；为实现“大食物观”的多元化食材和扩展食物来源提供参考；同时，也必将进一步坚定中华民族的文化自信，推动社会主义文化的繁荣兴盛。

人间烟火气，最抚凡人心。开卷有益，让米面粮油、畜禽肉蛋、陆海水产、蔬菜瓜果、花卉菌藻携豆乳、茶酒醋调等中华传统食材一起来保障人民的健康！

中国工程院院士 孙宝国

2022年8月

序

食用油自古以来就是居家生活每天必备的食材，在室温环境下，呈液态的叫作“油”，呈固态的叫作“脂”。油脂是供给人体热能的三大营养素之一，并且是人体所必需的脂肪酸、脂溶性维生素及磷脂的重要来源。食物在煎、炒、烹、炸时都离不开油脂。在烹饪过程中添加食用油，不仅能增进人的食欲，使人易产生饱腹感，还对菜肴色香味的烘托起着关键性作用。油脂是人类膳食的重要组成部分，对人体健康有着重要作用，如可提供亚油酸、亚麻酸等必需脂肪酸；为细胞代谢和生命活动提供能量；分布于皮下的脂肪还可防止过多的热量散失而保持体温。虽然在日常饮食中，粮谷蔬菜和鱼、肉等食物都含有脂肪，但远不能满足人体的需求。中国营养学会提倡人们每天要进食25～30克的优质食用油，因此，在烹调佐食过程中添加食用油是十分必要的。

既然油脂是生活中必不可少的物质，又与人体健康密切相关，那我们有必要多了解一些生活中常见的油脂类食材。编写油脂类食材这一卷的初衷，就是想尽所能地为大家总结概括日常生活中的食用油脂。

生活中常见的食用油主要包括植物油和动物油两大类。常见的植物油有大豆油、芝麻油、花生油、玉米油、菜籽油、葵花籽油、橄榄油和酸枣仁油等；常见的动物油有猪脂、牛脂、羊脂、鸡油、鸭油和鱼油等。

大豆油含有丰富的亚油酸、维生素E和大豆磷脂，且脂肪酸比例较好，能有效降低血清胆固醇水平，可预防心脑血管疾病。此外，大豆油在人体内的消化吸收率高达98%，是营养价值极高的优质食用油。玉米油是一种常见的谷物油脂，具有良好的煎炸性和抗氧化稳定性，不仅口

影响而发生氧化酸败，生成具有特殊刺激气味的醛、酮类化合物和低级脂肪酸及酮酸，产生哈喇味。酸败不仅会改变油脂的感官性质，而且会对机体产生不良影响，甚至有致癌作用。因此，各类食用油脂的贮存应注意密封、避光、低温和防水等。此外，油脂在食用前必须经过精炼加工，去除动植物残渣，并严格控制含水量，使其低于0.2%。

通过市场采购、调研和查阅大量书籍文献，本卷对生活中常见的油脂类食材如大豆油、花生油、玉米油、菜籽油、猪脂、牛脂等的性能、营养价值、烹饪加工、食用注意、传说故事或延伸阅读等方面进行了详细地阐述，希望能给人们提供一些日常食用油脂的使用经验与帮助，使人们能更全面、更科学地认识和使用对人体健康和生活大有裨益的油脂类食材。

江南大学李进伟教授审阅了本书，并提出宝贵的修改意见，在此表示衷心的感谢。

编　者

2022年7月

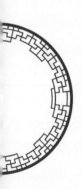

目录

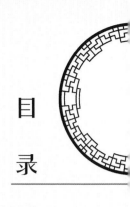

芝麻油

绿叶方枝株形浩，花开香溢朵朵高。
粒粒果荚脂满腹，五味调和成佳肴。

——《芝麻》（现代）陈德生

一、物种本源

拉丁文名称，种属名

芝麻油，为胡麻科胡麻属一年生草本植物芝麻（*Sesamum indicum* L.）成熟的种子榨取的油，又名脂麻油、麻油、香油等。

形态特征

芝麻油呈淡黄色或棕黄色，色如琥珀，晶莹透明，浓香醇厚，经久不散。

习性，生长环境

芝麻原产于亚热带，广泛分布于亚热带和温带地区，性喜温暖和日照充足，耐旱而喜湿润，但忌渍害。中国芝麻种植区域主要在黄河及长江中下游各省份，在河南、湖北、安徽、江西、河北等省份分布较多，其中河南产量最多。

芝 麻

芝 麻

二、营养及成分

芝麻油品质优良，含有丰富的油酸、亚油酸、花生四烯酸等占80%以上的不饱和脂肪酸，对调节血脂、降低高血压、软化血管、防治因血管硬化引起的疾病非常有益。此外，它还含有芝麻素、芝麻林素、芝麻酚、维生素E、甾醇、卵磷脂、香味物质等多种具有不同抗氧化和营养功效的营养物质。其中，芝麻素和芝麻林素是芝麻油特有的芝麻木脂素类活性物质，约占芝麻油总量的1%，具有抗氧化、抗衰老、降低胆固醇等多种作用，使芝麻油表现出比其他食用油更好的稳定性和营养价值。

三、食材功能

（1）延缓衰老

芝麻油中含丰富的维生素E，具有促进细胞分裂和延缓衰老的功能。中老年人久用芝麻油，可以预防脱发和过早出现白发。

（2）保护血管

芝麻油中含有40%左右的亚油酸、棕榈酸等不饱和脂肪酸，容易被人体吸收、分解和利用，可促进胆固醇的代谢，并有助于消除动脉血管壁上的沉积物。

（3）润肠通便

习惯性便秘患者，早晚空腹喝一口芝麻油，能润肠通便。

（4）减轻烟酒毒害

有抽烟习惯和嗜酒的人经常喝点芝麻油，可以减轻烟对牙齿、牙龈、口腔黏膜的直接刺激和损伤，以及肺部烟斑的形成，同时对尼古丁的吸收也有抑制作用。饮酒之前，喝点芝麻油，可对口腔、食道、胃贲门和胃黏膜起到一定的保护作用。

（5）保护嗓子

常喝芝麻油能增强声带弹性，使声门张合灵活有力，对声音嘶哑、慢性咽喉炎有良好的恢复作用。

四、烹饪与加工

凉粉

（1）材料：凉粉、葱花、姜、蒜、芝麻油、红油辣椒、花椒油、酱油、糖、盐、醋、鸡精、味精。

（2）做法：姜蒜切碎。姜蒜粒用开水浸泡、晾凉。凉粉切小细条。把其他佐料放入姜蒜碗中调匀，淋在凉粉上，撒上葱花即可。

蒜泥白肉

（1）材料：五花肉、黄瓜、姜片、花椒、干辣椒、蒜、生抽、辣椒油、芝麻油、盐、糖、油、小葱。

（2）做法：五花肉洗净。将五花肉加入锅中，放入清水，加入姜片、花椒、干辣椒，大火煮开，小火煮40分钟，至五花肉可以轻松地用筷子戳穿。煮好的五花肉晾凉，放入冰箱冷藏1小时以上，至五花肉凉透（可以提前一天煮好，放冰箱第二天用）。蒜制成蒜泥并用油炒一下。生抽、辣椒油、芝麻油、盐、糖和蒜泥一起拌匀。准备好的五花肉切片。黄瓜切片，将五花肉和黄瓜一起用调好的调味汁拌匀，再撒上小葱即可。

油淋芦笋

（1）材料：芦笋、姜蒜末、生抽、糖、油、芝麻油、红椒丝。

（2）做法：芦笋刮去根部的老皮，切去老梗，用清水洗净，切成长段。放入沸水中煮熟，捞出后滤干，装盘备用。将生抽、糖和少量清水放入锅中煮开，做成调味汁，浇在已经煮熟的芦笋上。将姜蒜末洒在芦笋上，将芝麻油和油混合烧至七成热后，淋在姜蒜末上。最后撒上少量红椒丝装饰即可。

五、食用注意

（1）芝麻油不能多吃，过食芝麻油会增加胰腺和胆的负担，引发疾病。

（2）菌痢、急性胃肠炎、腹泻严重患者，忌食芝麻油。

（3）芝麻油为发物，有皮肤病特别是有瘙痒者，忌食芝麻油。

传说故事

老君放生含脂草

相传，芝麻原是天庭凌霄宝殿的盆栽——美丽的含脂草，绿叶方茎开素花，既淡雅又香气袭人。

芝麻在天庭修炼数千年，颇通灵性。但凡有神仙惹着它，它就从白色的小喇叭花中喷出带香气的毒汁。一日，扫帚星趁打扫天庭之机，有意折断芝麻一片叶子。于是芝麻就张开小白喇叭花对准扫帚星喷洒毒汁，以示报复。可是不巧，就在芝麻对着扫帚星喷洒毒汁时，王母娘娘从此路过，毒汁溅到了王母娘娘的身上。王母娘娘大发雷霆，于是就对随行的太上老君说："把这含脂草拿到老君你的炉中烧了吧，免得惹是生非。"

太上老君嘴上应允，但心中有点舍不得，毕竟芝麻在天庭修炼数千年，一枝一叶都来之不易啊。在带往兜率宫的途中对芝麻说："我不忍将你烧化，还是放你到人间去找生路吧！"芝麻感谢太上老君的放生之恩，可又不太愿意去人间。

太上老君看出了芝麻的进退两难，便对其承诺："你放心下去吧，我保你'青枝绿叶年年好，开花结果节节高，子子孙孙满腹油，香香喷喷人缘妙'。保你在人间受欢迎，但我要把你的毒汁带回炉中烧化了，香气你带到人间去吧！"

就此，太上老君将含脂草往下界一推，人间便长出了香气袭人、可榨油脂的芝麻。

菜籽油

黄萼裳裳绿叶稠，千村欣卜榨新油。
爱他生计资民用，不是闲花野草流。

——《菜花》（清）爱新觉罗·弘历

一、物种本源

拉丁文名称，种属名

菜籽油，为十字花科芸薹属作物油菜（*Brassica campestris* Linn.）的种子榨取的油，俗称菜油，又叫油菜籽油、香菜油、芥花油等。

形态特征

菜籽油色泽金黄或棕黄，有一定的刺激气味，民间叫作“青气味”。这种气味是因其中含有一定量的芥子甙所致，但特优品种的油菜籽不含这种物质。

习性，生长环境

油菜因种植地区气候有差异而有不同的种植季节，分冬油菜和春油菜。油菜是长日照作物，性喜冷凉或较温暖的气候。对土壤要求不严，在沙土、黏土等各种土质上科学种植均可获高产。

油菜花

二、营养及成分

菜籽油中不饱和脂肪酸含量较高，一般菜籽油中脂肪酸组成范围：棕榈酸1.5%～6%、硬脂酸0.5%～3.1%、油酸8%～60%、亚油酸11%～23%、亚麻酸5%～13%、芥酸3%～60%、花生一烯酸3%～15%。而低芥酸菜籽油脂肪酸组成范围：棕榈酸2.5%～7%、硬脂酸0.8%～3%、油酸51%～70%、亚油酸15%～30%、亚麻酸5%～14%、芥酸<3%。菜籽油还含有丰富的微量营养成分如生育酚、甾醇、多酚和β-胡萝卜素等，这些物质可以改善人体新陈代谢，降低胆固醇水平和延缓动脉粥样硬化。长期食用菜籽油有益于人体健康。

菜　籽

三、食材功能

中医认为，菜油味甘、辛，性温，可润燥杀虫、散火丹、消肿毒。姚可成的《食物本草》中谓菜油："敷头，令发长黑。行滞血，破冷气，消肿散结。治产难，产后心腹诸疾，赤丹热肿，金疮血痔。”临床用于蛔虫性及食物性肠梗阻，效果较好。

（1）清肝利胆

肝胆有疾病的人如脂肪肝、肝炎、胆结石或胆囊炎患者，应多食菜籽油。

（2）降血脂、瘦身

菜籽油能促进脂肪的分解，对血脂高、肥胖的人群来说，食用菜籽油可以降脂减肥。

（3）消炎

菜籽油既能凉血排毒又能促进皮肤生长，如果身上有烫伤，用菜籽油擦拭烫伤处，可促进伤口痊愈。古人用其外敷调治风疹、湿疹及各种皮肤瘙痒。

（4）养眼

菜籽油能够帮助眼睛抵抗各种强光的刺激，对于预防老年性眼病、小儿弱视具有重要的作用。

（5）软化血管、延缓衰老

菜籽油中含有不饱和脂肪酸及维生素E，能够软化血管、延缓衰老。

四、烹饪与加工

椿芽炒蛋

（1）材料：鸡蛋、椿芽、盐、蚝油、菜籽油。

（2）做法：先将鸡蛋打入碗里调散，加入盐和蚝油拌匀。用开水烫椿芽，沥干水后切成碎粒。将椿芽碎粒加入鸡蛋液里拌匀。平底锅加热后放入菜籽油，烧到八成热时缓缓倒入蛋液，手持锅柄慢慢转动，让蛋液慢慢凝固，煎好一面，翻面煎另一面。等两面煎至金黄，再将蛋饼移到菜板上，卷成蛋卷后，切厚片装盘。

青豆春笋炒虾仁

（1）材料：青豆、春笋、虾仁、菜籽油、盐、鸡精、醋、料酒。

（2）做法：青豆、春笋洗净，切丁，冰冻的虾仁需要解冻。锅内加入菜籽油烧至八成热，先放春笋和青豆爆香，最后放入虾仁，加入料酒翻炒，加入调料，即可。

辣椒炒肉

（1）材料：瘦肉、辣椒、肥肉少许、蒜、酱油、盐、味精、菜籽油。

（2）做法：瘦肉切片，用盐、酱油稍微入味，辣椒切片，蒜拍松。爆香肥肉和蒜，翻炒瘦肉、辣椒等，调味，即可。

五、食用注意

（1）菜籽油存放过久有一股“哈喇味”，不适宜作凉拌菜用油。

（2）菜籽油高温加热后，应避免反复使用。

（3）心脏病患者尽量少食菜籽油，因为其含有的芥酸可导致“心肌脂肪沉积”现象，尤其是冠心病、高血压患者要少食。这也是联合国粮农组织和世界卫生组织对菜籽油中芥酸含量作出限量的原因。

金牛要喝菜油

歙南抽司村，有座门岭，与浙江淳安县威坪毗邻。村有张老汉，常年为威坪某粮店挑菜籽油送菜籽饼。

有一天，张老汉挑菜籽油和菜籽饼刚上岭头，就被一头金牛拦住了去路。金牛说："你让我吃块菜籽饼，我帮你把门岭打开，让你走平路可好?"

张老汉想想划不来，门岭打开了是大家走，而他却要赔老板的饼，他摇摇头说："顺一肩，反一肩，不怕门岭高过天。"说罢，就挑起担子走了。

夜里，张老汉把这事告诉了老婆。老婆骂他："你这个死人，别说金牛只吃菜籽饼，就是吃了一筐饼也算不了什么。门岭打通了，你一天可以多挑一担，赚头大着呢。"

第二天，张老汉又在岭头碰到了金牛。他主动向金牛提出，给它吃菜籽饼，要金牛帮他打开门岭。没想到金牛的条件变了，要让它喝了桶里的菜籽油，才肯帮他打开门岭。

张老汉把一桶油的价值与多挑一担脚力钱两下一算，觉得还是划不来，便说："上一岭，下一岭，有的是力气不求人!"

说罢，挑起担子要走。忽然脚下一滑，担子落地，那一桶油全打翻在路上。金牛走来"咕咚咕咚"喝了个够。张老汉上前，拉住牛尾，要金牛开岭。金牛说这是你自己打翻的油不作数，说罢朝他拉了一泡牛屎。张老汉赶快松开牛尾躲避，金牛一转身隐入山中。

张老汉提着空油桶回到家里，老婆得知情况后又把他骂了一顿，骂他只会算小账，不会算大账。他被骂得像霜打的茄子，瘪扭扭的。忽然他眼前一亮，油桶上溅着的一滴牛屎，已变成了金子，足够他赔油的了。他立即赶到岭上去找牛屎，可牛屎不见了。

此后，张老汉挑油上门岭，都要对着大山喊几声：“金牛，金牛，出来吧！我给你吃菜籽饼，也给你喝菜籽油！”可是，金牛再也没有出现了。

花生油

洞庭橘子凫芡菱，茨菰香芋落花生。
娄唐九黄三白酒，此是老人骨董羹。

——《渔鼓词（其四）》
（明）徐渭

一、物种本源

拉丁文名称，种属名

花生油，为豆科落花生属一年生草本植物花生（*Arachis hypogaea* Linn.）的种子榨取的油。

形态特征

花生油淡黄透明，色泽清亮，气味芬芳，滋味可口。

习性，生长环境

花生宜在气候温暖、雨量适中的沙质土地区种植，生长季节较长，比较耐旱。花生种植主要分布于巴西、中国、埃及等地，在我国，河南、山东种植较多。

花　生

二、营养及成分

花生油含有多种脂肪酸和芳香成分，对人体有益。脂肪酸组成主要有棕榈酸、硬脂酸、亚油酸、花生酸、山萮酸、油酸、二十碳烯酸、二十四烷酸等。芳香成分有1，2，3–三甲基环戊烷、1–乙基–3–甲基环戊烷、4–乙基–2–甲氧基苯酚、4–甲氧基苯酚、3–（1，1–二甲基乙基）苯酚等。花生油中还含特殊嗅味成分：已醛、γ–丁内酯、壬醛、苯甲醛、苯甲醇、2–甲氧基–3–异丙基吡嗪。

花　生

三、食材功能

花生油特别适宜大众补锌，其含锌量是色拉油、菜籽油、大豆油的许多倍，因此更适宜大众日常补锌。

（1）分解胆固醇

花生油中含有大量不饱和脂肪酸，它能加快人体内胆固醇的分解与代谢，可以防止胆固醇转化成胆汁酸，也能抑制胆固醇在血管中堆积。平时人们经常吃花生油，既能预防高血脂和动脉硬化，又能降低胆结石的发病率。

（2）提高记忆力

平时人们食用花生油可以吸收丰富的维生素E，还能吸收一定数量的微量元素锌和胆碱等营养成分，这些物质都能直接作用于人类的大脑，可以促进脑部发育，增强记忆力。经常食用，还能延缓大脑衰老，防止大脑功能退化。

（3）预防血栓

花生油中含有多种对人体有益的微量元素，特别是微量元素硒和维生素E等抗氧化成分的含量比较高。这些物质能增加血液中血小板的活性，可以提高人体的抗凝血能力，降低血栓的生成概率，对维持人体心血管健康有很大的好处。

（4）补充营养，滋补身体

花生油中含有大量的植物蛋白和多种对人体有益的微量元素，还含有一些人体必需的不饱和脂肪酸。人们食用后，可以快速吸收和利用，能加快人体代谢，增强身体各器官功能，可以起到明显的滋补作用。

四、烹饪与加工

炸薯条

（1）材料：花生油、土豆、牛奶、盐。

（2）做法：土豆洗净，削皮，切成均匀的条状放在牛奶中浸泡20分钟，取出后加入适量盐，腌制半小时，再把它们放到冰箱中冷冻2小时。把准备好的花生油放入油锅中加热，等油温升到八成热时，再把冷冻后的薯条放入油锅中炸至表面金黄，出锅沥油，即可。

炒菜

花生油可用来炒菜，在用它炒菜的时候，应该先把花生油放到炒锅中加热一会儿，然后再放入少量盐，持续加热30秒，这样能去掉花生油中的黄曲霉素。放入食材，快速翻炒，炒制过程中加入调味料，等菜品熟透出锅，即可。

烘焙

花生油还可以制作各种烘焙食品，特别是制作蛋黄酥、面包及桃酥时，都可以加入适量的花生油，能让烘焙食品香脆可口。

五、食用注意

（1）不宜食用存放过久的花生油，防止被黄曲霉素污染，诱发疾病。

（2）服用硫酸亚铁等铁制剂时，尽量避免食用。

（3）糖尿病患者应少食。

传说故事

李时珍与花生

有一年夏天，医药学家李时珍爬上了一座高入云霄的山峰去采草药。他一眼望见那里有成群结队的蚂蚁在觅食，它们从地下拉出一颗比黄豆稍大的“豆子”。李时珍上前一看，又拿起一颗放在嘴里咬了一口，口腔里油腻腻的，香喷喷的！他便挖了一些带了回家，悄悄地种上了。

种子很快发芽、长叶、开花，在地下长出了一荚荚带壳的“豆子”来。李时珍觉得这些“豆子”好吃又管饱，就暗中发动老百姓都种上了。因为当时的官宦和兵贼都没有见过这种“豆子”，根本不知道它在地下能结果，也不知它有什么用处，所以没有抢掠去。当其他粮食都给抢走了，这些“豆子”却留下来。老百姓把这些“豆子”作为食物，度过了苦难的岁月，艰难地活了下来。

从那时候起，人们就叫它“华生”，意思是得到仙人灵丹妙药的精华而生存下来。因为古时“华”字与现代的“花”字同音，所以现在便叫它“花生”。

大豆油

鼠咬豆囤囤漏豆，鼠咬油篓篓漏油。
豆囤漏豆鼠啃豆，油篓漏油鼠吸油。
游爷灭鼠是高手，灭鼠保豆又保油。
鼠不咬豆囤囤不漏豆，鼠不咬油篓篓不漏油。

——《鼠吃豆和油》绕口令

一、物种本源

拉丁文名称，种属名

大豆油是从豆科大豆属一年生草本植物大豆[*Glycine max*（Linn.）Merr.]种子中压榨提取的油。通常我们称之为“大豆色拉油”，是最常用的烹调油之一。

形态特征

大豆油的保质期最长为一年，质量越好的大豆油颜色越浅，为淡黄色，清澈透明，且无沉淀物，无豆腥味。在温度低于零摄氏度时，优质大豆油会有油脂结晶析出。

习性，生长环境

大豆喜光、喜暖，需水较多，比较耐涝，但不能受水淹。中国各地均有栽培，以黑龙江大豆最著名，亦广泛栽培于世界各地。

大 豆

二、营养及成分

大豆油中含棕榈酸7%～10%、硬脂酸2%～5%、花生酸1%～3%、油酸22%～30%、亚油酸50%～60%、亚麻油酸5%～9%。大豆油中含有丰富的亚油酸，脂肪酸构成较好。大豆油中还含有维生素E、维生素D及丰富的卵磷脂，对人体健康非常有益。

大　豆

三、食材功能

（1）降低血脂及胆固醇

大豆油含有丰富的磷脂、维生素E等，有降低血脂和血胆固醇的作用，其所含大量的多不饱和脂肪酸，有减少人体动脉胆固醇沉积、预防动脉粥样硬化的作用。

（2）各种功效

大豆油具有润肠通便、解毒、润燥、消肿的功效，对便秘、肠梗阻、蛔虫性肠梗阻、腹绞痛、吐血、疥疮、烧伤、烫伤等均有较好的辅助治疗作用。此外，还具有较好的驱虫作用。

四、烹饪与加工

炖奶汤鲫鱼萝卜丝

（1）材料：鲫鱼、青萝卜、肥膘肉、奶汤、盐、料酒、味精、葱、姜、醋、大豆油、香菜。

（2）做法：将鲫鱼去鳞、鳃、内脏，用水洗净，两面剞成斜刀口，备用。将肥膘肉切片，将葱、姜切丝，备用。青萝卜切成细丝，用沸水焯一下捞出，晾凉。香菜切段。将锅置于旺火上，放入大豆油烧热，用葱丝、姜丝炝锅，添入奶汤，加入醋、料酒、肥膘肉片、盐、味精，再放入鲫鱼，盖上锅盖，炖10分钟后放入青萝卜丝。用小火炖5分钟，盛出，撒上香菜，即可。

焖排骨

（1）材料：排骨、生菜、大豆油、高汤、糖、酱油、醋、盐、葱、姜、花椒。

（2）做法：将排骨洗净剁成3厘米长的块，生菜切段，葱切段，姜切块。锅内加入大豆油烧热，放入排骨炸一下，捞出。锅上火放底油，用葱段、姜块炝锅，添入高汤，加糖、酱油、盐、醋、花椒，再放入排骨，用小火将排骨焖烂，汤成浓汁时，取出葱段、姜块。把生菜段，放在盘子的一边，把排骨放至另一边即成。

五、食用注意

（1）有汽油味的大豆油不可食用，因为它含有用轻汽油作为浸出纯豆油所用溶剂的残留，这种残留主要成分是乙烷、庚烷、多环芳香烃、苯等有害物质。

（2）大豆油的色泽较深，有特殊的“豆腥味”，热稳定性较差，加热时会产生较多的泡沫，这是大豆油未提纯的表现。未经提纯的大豆油切勿食用。

（3）大豆油含有较多的亚麻油酸，易氧化变质，并产生“豆臭味”，不宜食用。

（4）不宜食用生豆油或用大豆油拌饺子馅，因为生豆油中含有为提高出油率而残留的苯，豆油在加温后容易挥发，在温度达200℃以上时有害物质就能大部分挥发掉，做饺子馅时影响有害物质的挥发。长期食用生豆油，容易引起苯中毒。

传说故事

白鸦变成了乌鸦

相传在很久很久之前，乌鸦全身羽毛都是白色的，名字叫作白鸦。那后来是怎么变成黑色的呢？这里还有段有趣的小故事呢。

据说乌鸦当年挺风光，长得漂亮，又伶牙俐齿，很受玉皇大帝赏识。可是在天庭当点卯官时，却把人与羊吃大豆时如何分配的判词说错了。按照玉皇大帝的原意，人与羊吃大豆时如何分配的判词是“天上下雨地上流，羊吃豆子人吃油，”可是乌鸦给读成了“天上下雨地上流，人吃豆子又吃油。”

玉皇大帝一听，气得火冒三丈。把装满墨的砚台往乌鸦身上砸去，责问道：“豆和油都给人吃，那羊吃什么？”乌鸦吓得慌了神，还好它够机灵，反应快，连忙改口道：“人吃豆和油，秸草给羊留。”玉皇大帝这才消了怒气，没再追究下去。

从此，大豆和大豆油都是人吃，羊只能吃大豆秸草了。白鸦呢，身上的墨不敢洗也洗不掉，就变成了浑身漆黑的乌鸦。后来，人们都把乌鸦开口说成“乌鸦嘴”。

玉米油

桂薪玉米转煎熬，口体区区不胜劳。
今日难谋明日计，老年徒羡少年豪。
皮肤剥落诗方熟，鬓发沧浪画愈高。
自雇一寒成感慨，有谁能肯解绨袍。

——《感怀二首》（南宋）杨公远

一、物种本源

拉丁文名称，种属名

玉米油是从禾本科玉蜀黍属一年生草本植物玉米（Zea mays L.）的胚芽中提炼出的油，又叫粟米油、玉米胚芽油等。

形态特征

玉米油色泽淡黄，质地莹亮，油色透明澄清，无悬浮物，具有玉米的芳香味。

习性，生长环境

玉米是喜温作物，要求较高的温度。在短日照条件下可开花结实。需水量较多，对土壤要求不严格，土质疏松、深厚，有机质丰富的黑钙土、栗钙土和沙质土均可种植玉米。玉米原产于中美洲和南美洲，是重要的粮食作物，广泛分布于美国、中国、巴西和其他国家。

玉米粒

二、营养及成分

玉米油含有丰富的油酸、亚油酸等不饱和脂肪酸，其中油酸占27%，亚油酸占50%以上。同时，玉米油还含有大量的植物甾醇和脂溶性维生素，如维生素A、维生素D、维生素E、维生素K，以及水溶性维生素，如B族维生素、维生素C；还含有一定量的微量元素，如铁、锌、碘、硒等。

玉　米

三、食材功能

玉米油有润燥通便的作用，对大便秘结有辅助疗效。

（1）抗氧化

玉米油含有丰富的维生素E。作为一种天然抗氧化剂，维生素E对人体细胞分裂、延缓衰老有一定作用，因而玉米油也被誉为“美容食用油”。

（2）降低胆固醇

玉米油含有的亚油酸是人体自身不能合成的必需脂肪酸，它具有降低人体胆固醇、降血压、软化血管、增强心血管系统功能，预防和改善动脉硬化等作用，并且可以缓解前列腺病症的发作和皮炎的发生。

（3）抗衰老

玉米油中含有的微量元素是许多酶系统的活化剂或辅助因子，参与生命物质的代谢过程。在美容护肤方面，这些无机盐和微量元素也起着重要作用。

四、烹饪与加工

焦糖爆米花

（1）材料：玉米油、玉米粒、糖、黄油。

（2）做法：平底锅内放适量的玉米油，放入玉米粒，不要太多，能高过油面即可；开大火，30秒后盖锅盖，10秒后摇一摇平底锅，让玉米粒受热均匀；一分半钟左右，玉米粒全部爆开，揭盖备用；熬煮焦糖酱，水跟糖放进锅里，小火熬至琥珀色后，加入一小块冷藏黄油搅匀；倒入刚刚爆好的爆米花翻炒均匀，即可。

天成一味虾

（1）材料：鲜大虾、红椒、青椒、酱油、葱、姜、芝麻油、料酒、玉米油、醋。

（2）做法：鲜大虾洗净。青红椒切圈。葱、姜切末。放入醋、料酒、芝麻油，调成葱姜汁。用调好的葱姜汁腌制大虾5分钟。锅里放适量玉米油加热至六成热后放入大虾，炸至金黄。把炸好的大虾捞出沥油，锅里放少许底油，放入大虾和青红椒圈，翻炒。放酱油焖1分钟，淋上芝麻油，出锅。

五、食用注意

（1）油勿加热至冒烟，因开始发烟即开始劣化。

（2）油炸次数不超过3次。

（3）玉米油烹饪食材不要烧焦，烧焦容易产生过氧化物，致使肝脏及皮肤病变。

（4）使用后应拧紧盖子，避免接触空气而产生氧化。避免放置于阳光直射或炉边过热处，受热容易变质，应置于阴凉处，并避免水分渗透致劣化。

传说故事

宋徽宗首尝玉米油

宋徽宗赵佶在书画方面颇有成就，但是在治国理政方面却不称职，大宋王朝也是在他的手里开始风雨飘摇最终走向衰败的。传说，他与当朝监管皇粮国税的监税官周邦彦都爱上了红极一时的歌妓李师师，三人之间还有一段拈酸吃醋的三角恋爱故事。

一天晚上，李师师邀周邦彦来闺中约会，说是要尝尝一道从未有人吃过的神秘食物。周邦彦半信半疑，应邀前往。来了之后，就看见厨师黄培朋将新收获的玉米仁胚芽挑出、压碎，放在锅内熬煮，然后从翻滚的汤面撇出上面的玉米油，再与糖、桂花调制成桂花玉米油。

调好后李师师正准备与周邦彦一起享用，哪知此时宋徽宗到了！九五之尊的宋徽宗，疯狂迷恋李师师，竟不惜屈尊降贵，从内宫潜道微服夜幸李师师。坏了皇帝的好事可非同小可，周邦彦吓得赶紧钻进李师师卧房的壁橱，藏了起来，大气都不敢出。

李师师毕竟是见过世面的，她沉着冷静，从容接驾。坐定后，李师师说："陛下，贱妾今天请圣上尝鲜呢！"说着便叫丫鬟将玉米油端呈上来。徽宗品尝后问："这是何等佳肴，如此美味？"李师师答道："是专为圣上创制的桂花玉米油，从未有人吃过。"徽宗听后赞赏不已。

周邦彦在壁橱里既提心吊胆，又酸溜溜的，只怪自己没早点到。本该自己是吃玉米油的历史第一人，结果让宋徽宗赵佶抢了先，成为中国历史上尝吃玉米油的第一人。

稻米油

城上城隍古镜中，城边山色翠屏风。
鱼是接海随时足，稻米连湖逐岁丰。
太伯人民堪教育，春申沟港可疏通。
朱轮天使从君欲，异日能忘笑语同。

——《寄王荆公忆江阴》
（北宋）朱明之

一、物种本源

拉丁文名称，种属名

稻米油是从禾本科稻属一年生草本植物水稻（*Oryza sativa* L.）的种子稻米中榨取的油，常称作米糠油、米胚油。稻米油主要是从米皮和胚芽处提炼所得，稻米油的脂肪酸组成符合国际卫生组织认定的黄金比例，即油酸与亚油酸的比例为1∶1，也被称作“营养保健油”。

形态特征

稻米油毛油色泽较深，经精炼后，以金黄透明、澄清香浓者为佳。

习性，生长环境

水稻喜好温暖潮湿的生长环境，但也有较耐冷寒的品种。对土壤要求不严，需有充足日照和水分。水稻在亚洲热带地区广泛种植，中国南方地区为主要产区，北方地区也有栽种。

稻　米

二、营养及成分

稻米油中含有丰富的脂肪酸，主要包括豆蔻酸、棕榈酸、硬脂酸、油酸、亚油酸，其中包括人体必需的亚油酸、油酸以及棕榈酸。经测定，各脂肪酸含量范围分别为豆蔻酸0.4%～1%、棕榈酸12%～18%、硬脂酸1%～3%、油酸40%～50%和亚油酸29%～42%。此外，稻米油中还含有丰富的角鲨烯、谷维素、维生素E和植物甾醇等功能活性物质。其中，谷维素作为稻米油特有的营养组成物质，其含量大概在1.5%～2.9%，远高于其他植物油脂。根据临床实践分析，作为一种植物神经调节剂和类激素，谷维素能促进血液循环并对周期神经疾病及妇女更年期综合征等有良好的预防和治疗效果。稻米油中的植物甾醇是一类具有生物活性的甾体类化合物，主要为豆甾醇、谷甾醇和菜油甾醇，它的不饱和双键、羟基、碳环结构等官能团使其具有特殊的生理功能，可抑制胆固醇的肠道吸收，进而降低血液中胆固醇水平，因此，有预防和治疗心脑血管疾病的作用。

水　稻

三、食材功能

俗话说“千年人参汤，不如粥里米油香”。要长寿，熬粥熬出稻米油。因稻米油中富含γ–谷维素、植物甾醇、维生素E和角鲨烯等活性成分而具有较高的营养价值。稻米油也被联合国卫生组织评选为“世界三大健康油脂”。

（1）降血脂作用

植物甾醇能有效维持体内胆固醇水平，被科学家们誉作生命的钥匙。稻米油中含有丰富的植物甾醇，该类物质具有降低低密度脂蛋白的作用，帮助人体减少对胆固醇的吸收，起到调理血脂、防止心血管疾病的效果。

（2）延缓衰老作用

稻米油对延缓人体衰老，延长平均寿命有积极影响。稻米油中存在大量的维生素E，能有效清除自由基，因此可延缓由自由基所导致的人体衰老进程。研究表明，稻米油可通过抑制脂质过氧化物质的生成速度以及上调内源性抗氧化酶的活性，有效延缓人体的衰老。

（3）其他作用

稻米油中的营养成分——谷维素，在化学结构上属于阿魏酸酯类物质，具有抗氧化活性，且能有效缓解疲劳，调节神经系统功能紊乱，进而改善睡眠质量。同时谷维素还具有降低血脂、抗心律失常等作用，具有较好的保健功效。

四、烹饪与加工

炒菜

稻米油适合快速烹炒和煎炸食品。如稻米油炒香干蒜苗。其具体做法如下：先将蒜苗清洗干净，切段，香干切成条状，备用。向锅内倒入适量稻米油，待油热后倒入切好的葱花和姜丝，再加入香干和蒜苗，翻炒。再放入适量生抽、鸡精、盐等调味料，翻炒，在淋上少许芝麻油即可出锅。

煮饭

在煮米饭时加入稻米油不仅清香可口，且增加营养。因为稻米油中含有丰富的谷维素，具有调节神经系统、改善睡眠质量、缓解疲劳的功效。

煮粥

可用稻米油煮制清香滋补的皮蛋瘦肉粥。其具体做法如下：先将瘦肉用盐、酱油、淀粉和稻米油腌制处理，将浸泡好的大米大火煮沸后放入葱、姜、切好的皮蛋和腌制的瘦肉，大火熬煮至黏稠状，待瘦肉熟透后再放入少量白胡椒粉，滴上几滴芝麻油即可食用。

五、食用注意

（1）不宜食用放置过久的稻米油。储存稻米油时要避免强光照射。

（2）食用稻米油要经过脱酸、脱色及脱臭等过程，以降低毛油中的有害物质。

延伸阅读

乌鸦还米

从前，有一只乌鸦，长得与众不同，身上的毛不是黑色，而是金黄色。它生来聪明，心地善良。

一个小姑娘在自己的茅屋外面，用一个盘子晒了一点稻米。许多乌鸦看见稻米馋得不肯走开，在盘子附近飞来飞去，想等小姑娘离开时，好抢几口吃。

这时候，那金色的乌鸦正好飞到这里，三下两下就把盘子里的稻米吃光了。看到这情景，可怜的小姑娘哭起来了："我们很穷，家里就这么点粮食，你吃了，我们怎么生活下去呀！"

乌鸦知道自己做错了事，就忙安慰小姑娘说："小姑娘，你不要哭了。对不起，我不该吃掉你的稻米，不过我一定会补偿你的损失。明天早晨，你到池塘边那棵大柳树下等我，那里就是我家。"说完乌鸦就飞走了。

第二天一早，小姑娘就来到大柳树下。她抬头向上望去，只见高高的树杈上，有一个宫殿式的小房子，那只金黄色的乌鸦正从窗口向外张望。

乌鸦看到小姑娘后说道："你好哇，小姑娘！你到我家来吧。不过，你得爬着梯子上来。"

乌鸦迅速给她搭上了金梯子，小姑娘敏捷地蹬上梯子来到乌鸦家。乌鸦请她吃了好多炒米花和米糕。临走还在她面前放了三个盒子，说："你想要哪个就拿哪个，大盒子是金的，小盒子是铁的，不大不小的是银的。"

小姑娘说："您吃了我那么一点大米，还我一个铁盒子，也足够抵偿了。"

小姑娘回到家后，就把所有情况都告诉了妈妈，并把铁盒交给妈妈。妈妈把盒子打开了，母女俩都被惊呆了，因为里面装的全是金色的稻米。

母女二人将金色的稻米种下，收获的时候，发现结出的稻米格外多。更神奇的是，这些稻米熬粥的时候，还有一层厚厚的稻米油，闻起来比猪油还要香！

小麦胚芽油

小麦青青大麦枯，新妇城边守茅蒲。
不妨执热饷妇姑，奄观铚艾相喧呼。
黄云好在玄云起，雨如车轮未渠已。
绣衣使者问麦秋，今年麦秋又如此。

——《小麦青青歌》（北宋）洪朋

一、物种本源

拉丁文名称，种属名

小麦胚芽油是以禾本科小麦属植物小麦（*Triticum aestivum* L.）的胚芽为原料制取的一种谷物胚芽油。

形态特征

精制后的小麦胚芽油呈浅黄色，具有特殊的小麦香味。小麦胚芽油几乎包含了小麦所有的营养精华，具有较高的营养价值，自古便有“液体黄金”的美誉。

习性，生长环境

小麦对水热条件要求不高，耐寒，耐旱，适应性强，广泛种植于温带大陆性气候地区。小麦在我国已有5000多年的种植历史，目前主要种植于山东、河南、河北、湖北、安徽等省。

小　麦

二、营养及成分

小麦胚芽油的营养价值极高，不饱和脂肪酸的含量约为80%，其中，亚油酸含量高达50%，油酸含量为12%~28%。小麦胚芽油中的饱和脂肪酸主要是棕榈酸，含量在11%~14%。每100克小麦胚芽油中的生育酚含量约为338毫克，高于其他植物油。此外，小麦胚芽油中含有的天然维生素E比人工合成维生素E活性高，抗氧化活性明显。小麦胚芽油中的类胡萝卜素含量为40~70毫克/千克，甾醇含量占60%~80%，其中，以谷甾醇为主，其次为菜油甾醇，占20%~30%。

三、食材功能

小麦胚芽油中含有丰富的维生素E、亚油酸、亚麻酸、二十八烷醇等营养成分，具有极高的营养价值。

（1）抗氧化作用

生物大分子的氧化作用能诱发多种疾病，如动脉粥样硬化、缺血性心脏病、肺部疾病和高血压等。小麦胚芽油对自由基具有较好的清除能力，且自由基清除率也随着使用量的增加而逐渐上升。小麦胚芽油对自由基的清除能力可延缓皮肤老化，淡化细纹、妊娠纹、瘢痕等，增加肌肤湿润力，同时具有防晒的作用。

（2）抗疲劳作用

小麦胚芽油中含有二十八烷醇，可提高人体耐受力，有明显的抗疲劳作用。二十八烷醇也是小麦胚芽油中特有的营养物质，有增进人体免疫力和耐受力、缓解肌肉酸痛、提高身体反应灵敏性和运动持久力等功效。同时能调节性激素水平，提高机体代谢比率等。

（3）其他作用

亚油酸是人体一种必需脂肪酸，作为小麦胚芽油中的一种功能成分，在临床上可明显降低血液中的胆固醇含量，能预防动脉粥样硬化、高血脂、高血压、冠心病、糖尿病等疾病的发生。此外，亚油酸还能促进细胞、组织的生长发育，改善头发毛囊微循环。小麦胚芽油中的天然维生素E易于人体吸收，能调节人体激素水平，提高生育能力，在临床上可用于治疗不孕症。

四、烹饪与加工

日常烹饪

凉拌或热炒都可以使用小麦胚芽油。如凉拌黄瓜，其具体做法如下：将黄瓜洗净后切成小块，加入适量盐、醋、生抽和小麦胚芽油搅拌均匀，再撒上葱花、蒜泥和芝麻，拌匀后即可食用。再比如肉片炒西蓝花，其具体做法如下：将西蓝花切成小朵，放在清水中泡洗后，捞出，沥水。瘦肉切成薄片，放入盐和少量的生抽，抓匀后腌制。红椒去籽洗净切小块，葱、姜、蒜切碎，备用。向油锅内倒入适量小麦胚芽油，加入红椒、葱、蒜和姜炒香，再放入肉片翻炒至变色，再放入西蓝花继续翻炒，再放入适量盐、胡椒粉、鸡精、味精等调味料，翻炒均匀后即可关火盛盘。

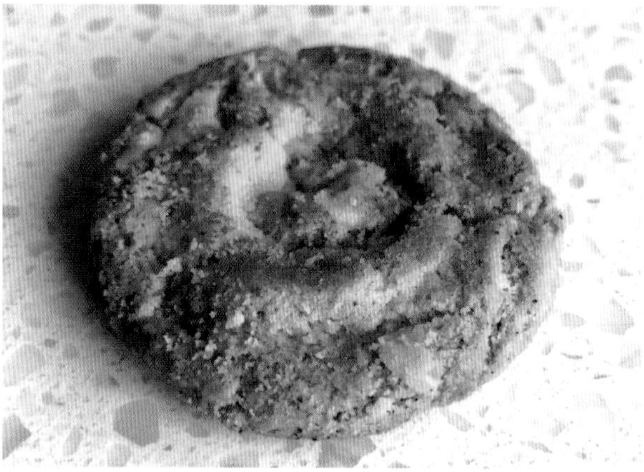

桃　酥

烘焙糕点

用小麦胚芽油制作烘焙糕点，不仅能提高食物本身的营养价值，还可达到增色保香的效果。如制作桃酥，其具体做法如下：将低筋面粉与小苏打混合均匀，过筛，加入适量糖、小麦胚芽油和黄油，再加入鸡蛋清混合均匀，成团后再用模具成形，最后放入预热好的烤箱中烘烤后即可食用。

五、食用注意

（1）小麦胚芽油需避光保存，否则会被分解而变质。

（2）小麦胚芽油不能食用过量，否则会给心脑血管系统带来负担。

（3）小麦胚芽毛油色泽深，气味难闻，含有较多的磷脂和游离脂肪酸等杂质，易发生氧化酸败，对人体健康产生危害，因此在食用前需对其进行精炼加工。

传说故事

麦子逃跑的传说

现在的小麦是单棵单穗，但是上了岁数的老人们常常会对小孩子讲这样的故事：在很久很久以前，一棵麦子上同时长有九个麦穗，年年大丰收，吃不完的麦子还能榨成小麦油。用这种金黄色的小麦油来做菜，香得不得了！这当然是好事，但是人们也就不再珍惜粮食了。

某日，一位天神奉命察看人间，当他进入一农户家时，只见一位农妇正在烙白面大饼。身旁的婴儿尿湿了床，她就顺手操起一张大饼，塞到小孩屁股底下当尿布用。天神目睹此景大惊，马上返回天宫禀报玉皇大帝。玉皇大帝闻讯大怒，遂下令掌管农作物的天神，将多穗麦子削减为单穗，意在告诫人类要爱惜粮食，不能暴殄天物。于是农户们看到了神奇的一幕：小麦的麦穗自己从麦秆上逃跑了，只留下一个穗。

所有的人都目瞪口呆，只有狗拼命追赶上去，却被土坎绊了一跤，没有追上。狗从此恨死了土坎，总是往土坎上撒尿。而人呢，如果赶上好年景，农户们打下的粮食勉强够吃；遇到灾荒年，就只能忍饥挨饿了。

茶籽油

一篓茶油油六斤六两六，一坛茅台酒九斤九两九。用六斤六两六钱茶油油，换儿斤九两九钱茅台酒。可九斤九两九钱茅台酒，不换六斤六两六钱茶油。

——《茶油》绕口令

一、物种本源

拉丁文名称，种属名

茶籽油是从山茶科山茶属木本作物油茶（*Camellia oleifera* Abel.）的种子中榨取的油，又名野山茶油、山茶油、油茶籽油等。

形态特征

茶籽油色泽金黄或浅黄，澄清透明，气味清香。低温下会有乳白色絮状结晶物，此为正常现象，不影响食用。

习性，生长环境

油茶喜温暖，怕寒冷，要求充足的阳光与水分。对土壤要求不严格，适宜土层深厚的酸性土，不适于石块多和土质坚硬地区，要求在坡度和缓、侵蚀作用弱的地方栽植。我国拥有长达 2300 多年丰富的油茶栽种技术，油茶主要种植在我国亚热带气候湿润的南方丘陵和高山地区，如湖南、广西等长江流域及以南地区。

茶　籽

二、营养及成分

茶籽油中不饱和脂肪酸高达90%以上，油酸达到80%～83%，亚油酸达到7%～13%，并富含蛋白质和维生素A、维生素B、维生素D、维生素E等，尤其是它所含的丰富的亚麻酸是人体必需而又不能合成的营养物质。

茶 籽

三、食材功能

茶籽油因其富含多种营养成分，内服、外用都有很好的效用。

（1）抗氧化

抗氧化是茶籽油的重要功效之一，能抗紫外线，淡化色斑，去除皱纹，平时可以直接把茶籽油涂抹在皮肤上，能起到滋养肌肤和美白的效果。另外茶籽油中含有的多种黄酮类物质和酚类物质，还能抑制人体氧化反应的产生，经常食用可以起到延缓衰老和延长寿命的作用。

（2）预防“三高”

茶籽油能预防“三高”，其含有大量的不饱和脂肪酸和亚油酸，能促进人体内多余脂肪的分解，软化血管，增加血管弹性，还能净化血液，清理血液中的胆固醇，对中老年人群高发的高血压、高血脂与高血糖“三高”症状都有很好的预防作用。

（3）清热解毒

茶籽油具有清热化湿和杀虫解毒等功效，可用于腹痛的辅助治疗，疗效十分明显。

四、烹饪与加工

葱油鸡

（1）材料：鸡、姜、葱、茶籽油、蒸鱼豉油、胡椒盐。

（2）做法：半只鸡洗净，用厨房纸擦干水分。将鸡的里外都撒上胡椒盐，用手涂抹均匀。静置2个小时入味。深一点的碗先放姜片和葱花。再放上鸡，在鸡的腋窝和腿部也放上姜片。上锅中火蒸45分钟。蒸完取出，待鸡凉透后切块装盘。另起一锅，倒入茶籽油，油烧热后放入葱花和姜末爆香。将葱姜倒在鸡表面，再均匀倒上蒸鱼豉油，即可。

五、食用注意

（1）寒泻、滑肠者禁食。

（2）正常人也不宜多食。

传说故事

朱元璋错封油茶树

据说从前油茶和香椿的植株高矮差不多，而香椿本是结果的，油茶是不结果的。香椿结的果人吃了后精神百倍，可健胃理气、缓解疲劳。为什么现在香椿不结果呢？这里有这样一个传说。

明朝开国皇帝朱元璋，有一次打了败仗。朱元璋一人一马逃到深山里，人困马乏，又饿又渴。他停在香椿树下，正没主意，抬头一望，发现树上结满了果子。饥渴难耐之下，朱元璋也不管能吃不能吃，摘下来就往嘴里塞！哪知味道十分可口，越吃越要吃，越吃越想吃。不知不觉地把肚子填饱了，口也不渴了，精神也来了。朱元璋重新下山，召回流散的部下，一鼓作气，最终灭了元朝，成为大明朝的开国皇帝。

一天，朱元璋兴致来了，带文武大臣出城打猎。不知不觉来到当年落难的山中，他回忆当年兵败的情形，想起要不是这山上长的果子给他充饥，说不定就没有现在的九五之尊。他跟众文武官讲述了这个经过，说："这里的果子树，朕要好好封它一下才是！"可这刻儿是冬季，认不出哪棵树是当年结救命果的树，特别是油茶树和香椿又混长在一起。朱元璋随手指了旁边油茶树说："当年你救驾有功，朕今天封你为果中之王，你要世代都结果，而且果实含油，养人。"油茶树听了特别高兴，以后真的世世代代都结果且含油。可怜香椿说不出话来，气得眼睛发直。

朱元璋封油茶树后，带文武大臣回宫。可怜的香椿树把头越伸越高，指望皇帝能认出自己，偏偏朱元璋没有回头。功劳让油茶树冒名顶替了，从那以后，香椿再也不结果了，也不愿和油茶树在一起生长。

橄榄油

周公引种油橄榄，惠及华夏千秋赞。
国计民生尽周到，贤相美名留人间。

——《周总理引种油橄榄》
（现代）陈德生

一、物种本源

拉丁文名称，种属名

橄榄油，为木樨科木樨榄属常绿乔木油橄榄（*Olea europaea* L.）的新鲜果实榨取的脂肪油，又名齐墩果油、洋橄榄油、油橄榄油、阿列布油等。

形态特征

优质橄榄油油体透亮，浓，呈浅黄、黄绿、蓝绿、蓝直至蓝黑色。有果香味，口感爽滑，有淡淡的苦味及辛辣味。若油体混，缺乏透亮光泽，颜色浅，不浓，有异味，则说明橄榄油变质，或者是精炼油、勾兑油。

习性，生长环境

油橄榄性喜温暖，需适当高温，冬季无严霜冻害。抗旱能力较强。对土壤适应性较广，江河沿岸，丘陵山地，红黄壤、石砾土均可种植，

油橄榄果

含丰富有机质土壤或沙壤土最佳。现全球亚热带地区都有栽培，我国长江以南地区亦有栽培。

二、营养及成分

橄榄油由皂化物和不皂化物两部分组成。其中皂化物部分包括游离脂肪酸和甘油三酯，甘油三酯占98.5%左右；不皂化物占1.5%左右，包括游离醇、三萜烯、叶绿素、类胡萝卜素、生育酚、多酚、甾醇、角鲨烯及挥发性成分等。橄榄油以富含不饱和脂肪酸著称，其含量因产地不同而有所差异，其中含有65.8%~84.9%的单不饱和脂肪酸，既易被人体所吸收，又不易氧化沉积于人体内，比多双键不饱和脂肪酸更安全，因此被称为安全脂肪酸。单不饱和脂肪酸非常有益于心、脑、肾、血管的健康，可有效调节人体血浆中高、低密度脂蛋白胆固醇的比例，防止体内胆固醇过量。橄榄油中含有3.5%~22%的多不饱和脂肪酸，包括亚麻酸和亚油酸，虽然属于人体必需脂肪酸，但在人体中并非越多越好，过多的多双键不饱和脂肪酸易形成过氧化脂而积存于血管内壁引起血栓。橄榄油中油酸、亚油酸、亚麻酸含量的比例适合人体需要，其比例同人乳极为相似。橄榄油中所含丰富的微量元素、角鲨烯、黄酮类物质和多酚化合物、维生素E及多种脂溶性维生素等生物活性物质，是人体所必需的营养物

油橄榄果

质，能有效调节免疫活性细胞，增强人体免疫力，清除体内自由基，促进新陈代谢，对提高人体抗病能力、延缓衰老都有极重要的作用。

三、食材功能

（1）抗氧化

橄榄油中含有多酚、维生素和黄酮等抗氧化剂，对心脏病等有较好的预防效果。

（2）防“三高”

橄榄油突出特点是含有大量的单不饱和脂肪酸。单不饱和脂肪酸除能供给人体热能外，还能调节人体血浆中高、低密度脂蛋白胆固醇的比例，增加人体内的高密度脂蛋白的水平和降低低密度脂蛋白水平，从而防止人体内胆固醇过量。

（3）增强免疫力

橄榄油中所含丰富的微量元素、黄酮类物质和多酚化合物、维生素E及多种脂溶性维生素等生物活性物质，是人体必需的营养物质，能有效调节免疫活性细胞，增强人体免疫力，清除体内自由基，促进新陈代谢。

四、烹饪与加工

橄榄油嫩煎鸡胸

（1）材料：鸡胸肉、腌料、橄榄油。

（2）做法：将鸡胸肉顺纹切片，加入腌料；将腌料抓匀，让鸡胸肉充分吸收腌料，静置10分钟；取一平底锅（不锈钢锅），锅热后加适量橄榄油继续加热，放入腌好的鸡胸肉，以中小火煎香；第一面煎至鸡肉的边缘有一圈晕白、底部金黄时，即可翻面续煎，至筷子可轻易插入鸡肉中，即可起锅。

橄榄油鲜虾蘑菇

（1）材料：蘑菇、姜、蒜、辣椒、虾仁、米酒、盐、黑胡椒、橄榄油、香菜。

（2）做法：蘑菇切小块，姜、蒜切末，辣椒切圈，虾仁加米酒、盐略腌；热锅干烙蘑菇，撒少许盐，煎至微黄略缩，盛出备用；因为加了少许盐，蘑菇稍后会再出水，沥干再下锅；放油以小火炒香姜蒜末和辣椒圈；小火放入虾仁，翻炒；将蘑菇回锅拌匀，淋入米酒烧至酒精挥发殆尽，继续小火；加盐、黑胡椒、米酒、橄榄油调味；撒上香菜碎即成。

五、食用注意

（1）菌痢患者、急性肠胃炎患者、腹泻者及胃肠功能紊乱者不宜多食。

（2）储存时，要避免强光照射，特别是阳光直射，要避免高温。

（3）使用后一定要盖好瓶盖，以免氧化。

（4）勿放入金属器皿保存，否则，橄榄油会与金属发生化学反应，影响品质。

传说故事

橄榄除“三病”

相传有一位老中医，世代行医，医术相当高明。有一天，一个叫黄三的人从很远的地方来看病。他说：“久仰先生大名，今日特来求医。我面黄、体虚、贫寒，望先生能妙手医治。”

老中医暗忖，此“三病”之根在于懒惰，须先将其由懒惰变得勤劳，便告诉黄三：“从明天开始，你每日早晨去茶馆饮橄榄茶，然后拾起橄榄核，回家种植于房前屋后。要常浇水勤护苗，待其成林结果，再来找我。”

黄三遵嘱照办，喝茶、拾核、种树、护林。几年过去了，橄榄由苗而树，由树而林，由林而果。每日过得充实，人变得勤快起来了，身体也长得壮壮实实。黄三遵照先前的约定，又来找到老中医说：“很感谢先生，我不再面黄体虚，可是还有贫寒之病未除。”老中医笑道：“你且回去，从明天开始，我叫你不再贫寒！”

次日，果然有不少人来向黄三购买橄榄。黄三的橄榄品相好，价格公道，来买橄榄的人络绎不绝，甚至排起了长长的队伍。黄三生意好得不得了，渐渐富了起来。黄三带上很多钱去感谢老中医，老中医说：“钱不能多收，以后你为我提供橄榄作药引吧！”原来，老中医开处方时需要橄榄作药引，便想出这个给黄三治病的办法，可谓是双赢。人们都叹服老中医医术高、品德高、智商高。

核桃油

桂花香馅裹胡桃，江米如珠井水淘。
见说马家滴粉好，试灯风里卖元宵。

——《上元竹枝词》（清）符曾

一、物种本源

拉丁文名称，种属名

核桃油是胡桃科胡桃属植物核桃（*Juglans regia* L.）成熟的果仁压榨而成的植物油。

形态特征

正常的核桃油无味呈淡黄色，澄清透亮，长时间放置由于油脂被氧化而产生异味。核桃油由于具有很高的营养价值，又被誉为“东方橄榄油”。

习性，生长环境

核桃喜光，喜水、肥，喜阳，耐寒，抗旱、抗病能力强，适应多种土壤，以肥沃湿润的砂质土壤为佳。目前核桃在我国很多地方都有种植，几乎遍布了全国各省，栽培面积位居世界第一。

核　桃

| 二、营养及成分 |

核桃油富含脂肪酸，油酸、亚油酸、亚麻酸等多种不饱和脂肪酸约占总脂肪酸含量的90%。其中，亚油酸和亚麻酸是核桃油中的主要不饱和脂肪酸，两者为公认的人体必需脂肪酸，是多种重要代谢产物的前体物质，且无法自身合成，需从膳食中摄取。此外，核桃油中还含有丰富的维生素E、植物甾醇、角鲨烯、黄酮等多种对人体有益的微量成分，是核桃油营养保健功能的重要组成部分。

| 三、食材功能 |

（1）提高记忆力

研究发现，核桃油可以使脑部的乙酰胆碱活力下降，从而使机体分解乙酰胆碱的能力降低，导致脑部乙酰胆碱数量增加，从而有利于神经信号的传递，最终使记忆力增强。

（2）抗氧化、延缓衰老

核桃油中含有丰富的天然抗氧化剂，如维生素E、黄酮、酚类化合物等。有研究表明，核桃油对于超氧阴离子、DPPH自由基均表现出较强的抑制能力。又发现核桃油可明显提高超氧化物歧化酶等抗氧化酶的活力，降低丙二醛的含量，从而说明核桃油有助于增强机体抗氧化、清除自由基的能力。

核　桃

（3）预防心脑血管疾病

核桃油中含有大量不饱和脂肪酸，可以调节人体血脂、胆固醇水平，降低血压，有利于预防心脑血管疾病。核桃油复合维生素E能显著降低总胆固醇、低密度脂蛋白胆固醇，高剂量核桃油复合维生素E还能升高高密度脂蛋白胆固醇、提高抗动脉粥样硬化指数。

（4）预防和缓解Ⅱ型糖尿病

相关研究发现，食用核桃油一段时间后，Ⅱ型糖尿病患者的糖化血红蛋白（HbAlc）和空腹状态血糖水平都出现了明显的下降，这说明核桃油对预防和缓解Ⅱ糖尿病具有一定作用。

（5）美容养颜

核桃油富含与皮肤亲和力极佳的角鲨烯和人体必需脂肪酸，这些物质易于渗透，能有效保持皮肤弹性和润泽。核桃油中所含丰富的单不饱和脂肪酸与维生素A、维生素D、维生素E、维生素K等及酚类抗氧化物质，能消除面部皱纹，防止肌肤衰老，有护肤护发和防治手足皱裂等功效。

四、烹饪与加工

制作凉拌菜

制作凉拌菜时，加入核桃油，可提味增鲜，增加营养。如核桃油凉拌木耳，其制作方法如下：将泡发后的黑木耳洗净，切小块，备用，葱、蒜切末备用；木耳焯水后捞出，用清水冷却后沥下水分，加入蒜末、葱末、盐、鸡精、醋和酱油拌匀，装盘，加入核桃油，拌匀，即可食用。

烹调食物

烹调时，可以按照1：4的比例与其他植物油混合烹调，加热温度不宜超过160℃，防止核桃油的营养元素被破坏。如核桃油煎牛肉饼，其制作方法如下：先将牛肉切成细条，再剁成肉末，肉末中放入蚝油、淀粉、黑胡椒、鸡蛋、核桃油，拌匀；放入少许盐继续搅拌；将牛肉末压成饼，在锅内放入核桃油，等油温五六十度时放入肉饼，小火煎，即可食用。

五、食用注意

（1）幼儿不宜摄入过多。

（2）不宜高温加热核桃油，否则会造成营养流失。

（3）开盖食用后，剩下的油需密封冷藏保存，避免光线直射。

传说故事

扁鹊求药

传说，核桃和蟠桃一样，是西王母的圣果，又称长寿果，一般的凡人根本看不到、摸不着。后来，西王母追随玉皇大帝来到卢氏，随身将核桃和蟠桃也带了来。

有一年，卢氏发生了瘟疫。神医扁鹊带着弟子到玉皇山采药，灵芝、天麻、枣皮、金银花都采到了，唯独少了最主要的一味药引——核桃。因为核桃去皮后极像人的大脑，它不仅温肺补肾，对哮喘咳嗽、肾虚腰痛等有明显的疗效，还对人的大脑有滋补作用。

到哪儿找核桃呢？弟子子阳建议：进瓮潭沟，向住在瓮城瑶池旁边的西王母讨要。扁鹊来到瓮潭沟口，被西王母的丫鬟杜鹃挡住了，说七仙女们正在瓮城瀑布戏水，请稍等片刻。又等了一会儿，杜鹃说，仙女们已经移驾瑶池了，请君入“瓮”吧。

瓮潭沟口小肚子大，生得真像个瓮。扁鹊进到沟里一看，两边山坡上尽是中草药：杜仲、辛夷、山茱萸、连翘、娑罗、八月札，就连溪水里游来荡去的甲鱼、大鲵等，也是救死扶伤的上好补品。

扁鹊走到瀑布跟前，只见几十米高的瀑布像长空白练，从半空中咆哮而下，在高耸的崖壁间发出嗡嗡的回声。扁鹊正在为瓮城瀑布的壮丽景观惊叹不已，这时杜鹃送来了核桃种子，并且告诉他，这一个核桃救不了多少人，不如把它种在沟口，经王母娘娘一点化，马上就能长成大树，就能结许多核桃。

扁鹊走到沟口，按杜鹃的说法把核桃埋进土里，眨眼间，面前便长起一棵大树，并且结了无数的核桃。扁鹊就用这棵树上的核桃作药引子，救活了无数的人，最终扑灭了瘟疫。

后来，卢氏人就不断地到这儿采种育苗，全县百姓的房前屋后、沟旁渠边都长着核桃树，它一年又一年、一代又一代地向人们奉献着阴凉与福祉。

山核桃油

叶底青丝乍委缫，枝头碧子渐含浆。
燕南山北家家种，不比齐东枣栗场。

——《核桃树》（元）刘崧

一、物种本源

拉丁文名称，种属名

山核桃油是一种从胡桃科山核桃属植物山核桃（*Carya cathayensis* Sarg.）种仁中榨取并经过精制加工后获得的油脂。

形态特征

山核桃油为金黄色、富有山核桃果仁的芳香味道，食后无任何油腻感，易被人体消化吸收，是一种营养丰富的优质食用油。

习性，生长环境

我国是山核桃的原产地，目前主要产地分布在浙江、安徽等地。山核桃适生于海拔400～1200米的山麓疏林中或腐殖质丰富的山谷。

山核桃仁

二、营养及成分

山核桃油富含亚油酸、油酸以及亚麻酸等不饱和类脂肪酸，另外还富含维生素A、维生素B_1、维生素B_2、维生素C、维生素E及黄酮、多酚、角鲨烯和甾醇等活性物质。

三、食材功能

中医认为，山核桃油具有补气益血的功效，同时还可以补肾肺，润燥化痰。

（1）山核桃油中含有70.7%的亚油酸和12.4%的亚麻酸。这些不饱和脂肪酸是大脑细胞的主要结构脂肪。山核桃油中含有多种微量元素，它们是大脑细胞结构脂肪的良好来源，因此其具有一定的健脑功效。

（2）山核桃油含有多种对人体有益的微量元素及亚油酸、亚麻酸。经常食用，可以降低血液中的胆固醇水平。

（3）山核桃油中含量丰富的维生素E。经常食用可使肌肤润泽光滑、富有弹性，还可使须发更加乌黑，可提升皮肤的生理活性，起到美容的效果。

山核桃

（4）山核桃油具有抗氧化、抗衰老作用。山核桃油中含有黄酮、酚类化合物等活性成分，具有抗氧化、延缓衰老等作用。

四、烹饪与加工

凉拌菜

将山核桃油加入凉菜中，可以增加食物光泽，提升香味，使味道更醇厚。同时可以平衡酸度较高的食物，如柠檬汁、酒醋、葡萄酒、番茄等，使食物吃起来味道更好。

煮 饭

煮饭时，加入少许山核桃油，可使米饭更香，且粒粒饱满。

酱 料

山核桃油是做冷酱料和热酱料最好的油脂成分，它可保护新鲜酱料的色泽。

五、食用注意

（1）饮酒前后不宜食用山核桃油，否则易引起咯血。

（2）支气管扩张、肺结核患者不宜食用。

（3）不宜高温加热山核桃油，否则会造成营养流失。

传说故事

大明山的“大明果”

据说元朝末年，刘伯温从天目山来到昌化千亩田遇上了朱元璋。两人谈古论今，一拍即合。刘伯温看朱元璋身材魁梧、仪表非凡、胸有大志，就劝他在千亩田招兵买马灭元。朱元璋说：“谈何容易，首先军粮哪里来啊？”这一问，确实难倒了刘伯温。

一日，刘伯温闲着无事，走进伙房，见厨师在沸水里煮芹菜，问道：“这是为何？”

厨师说：“芹菜略有苦味，放进沸水稍煮片刻，捞上来再烧，就无苦味了。”

刘伯温便想，这漫山遍野无人问津的山核桃，能否水煮除去苦味呢？没想到一试，果然灵验，再放到火笼一烘，山核桃成了既香又脆的美味佳果。

这消息不胫而走，大批山核桃运往苏杭出售，百姓手里钱多粮足。朱刘二人抓住机遇，招兵募捐，训练兵马，兵分数路，打下山去。朱元璋这次出兵，兵多粮足，势如破竹。不久便推翻了元朝，建立了大明朝。后来，这座山被称为大明山，山核桃也就成了“大明果”了。

现在，大明山已经成为杭州临安大明山旅游风景区，山上还有朱元璋当年的点将台呢。

葵花籽油

此花生不背朝日，肯信众草能翳之。
真似节旄思属国，向来零落谁能持？

——《葵花》（北宋）梅尧臣

一、物种本源

拉丁文名称，种属名

葵花籽油是从菊科向日葵属一年生草本植物向日葵（*Helianthus annuus* L.）的果实葵花籽中榨取的一种优质食用油。

形态特征

葵花籽油呈淡黄色或青黄色，澄清透明，滋味纯正，香气扑鼻。属于高级食用油，被誉为“保健佳品”“高级营养油”“健康油”等。

习性，生长环境

向日葵在我国种植历史悠久，清末光绪年间就记载有向日葵的相关栽培技术和应用。现主要在我国东北、华北地区种植，其中，黑龙江省种植面积最大。向日葵耐高温和低温，但更耐低温。其需阳光充足，较耐旱，对土壤要求较低，在各类土壤中均能生长，肥沃土壤、旱地、瘠薄地、盐碱地均可种植。

葵花籽

二、营养及成分

葵花籽油中含有的油酸和亚油酸对心脑血管疾病有预防和治疗作用且易被人体吸收。亚油酸是人体必需脂肪酸，具有抗粥状动脉硬化、参与脂肪分解与新陈代谢、增强人体免疫能力、促进骨组织的代谢等作用。而油酸有抑制人体内胆固醇的合成作用，有利于调节血压，有降低血清胆固醇的作用。葵花籽油的人体消化率为96.5%，长期食用，有利于心血管病和高脂血症的防治，达到增进营养和益寿延年的作用。此外，葵花籽油中还含有较丰富的维生素E，其含量在100~120毫克/克，且葵花籽油中生理活性最强的α-生育酚的含量比一般植物油高。维生素E属于脂溶性维生素，也是一种常见的抗氧化剂，具有美容养颜、滋润皮肤、延缓衰老等作用。另外，葵花籽油中还含有较多的维生素B_3，对神经衰弱和抑郁症等疗效明显。葵花籽油中含有的蛋白质及钾、磷、铁、镁等矿物质，不仅对促进青少年骨骼和牙齿的生长有重要作用，还能有效预防和治疗糖尿病、缺铁性贫血病等疾病。

向日葵

三、食材功能

中医曾记载，食葵花籽油可消滞气，清湿热。葵花籽油中含有的棕榈酸、亚油酸、油酸和亚麻酸能促进细胞新陈代谢、减少胆固醇在血液中的沉积。因此，长期食用葵花籽油可强身壮体，同时还具有滋润皮肤、预防冻疮等功效。

（1）抗衰老作用

葵花籽油中含有丰富的维生素E。维生素E是一种脂溶性维生素，其水解产物称为生育酚，是最主要的抗氧化剂之一，能保护机体免受自由基的损害。经常食用，可以起到安神静心、预防贫血、延缓衰老、滋养皮肤的作用。

（2）降血脂作用

葵花籽油中含有人体必需的不饱和脂肪酸，如亚油酸，约占不饱和脂肪酸的60%，亚油酸可促进细胞生长，调节机体新陈代谢，降低血液胆固醇含量。长期食用，可起到降血脂、降血压、预防各类心脑血管疾病的作用。

（3）其他作用

葵花籽油中还含有丰富的维生素A、磷脂、胡萝卜素等营养物质。其中，维生素A是一种脂溶性的维生素，对夜盲症、干眼病等有明显的预防和治疗效果。胡萝卜素不仅能提高人体免疫力，还能保护皮肤黏膜的完整，有美容养颜的功效。此外，葵花籽油中含有的钾、磷、铁、镁等矿物质对人体生长发育有促进作用，尤其是对青少年骨骼和牙齿健康具有重要的意义。

四、烹饪与加工

炒菜

葵花籽油可用来炒菜。先将葵花籽油倒入炒锅中加热，再放入葱姜、辣椒，炒香后放入蔬菜或者猪肉快速翻炒，炒制过程中加入盐、鸡精等调料，等菜品熟透后直接出锅，即可食用。

凉拌

拌凉菜时，可放入少许葵花籽油改善滋味，亦可增加菜品的色泽。如凉拌海蜇，其具体做法如下：先将海蜇皮用清水浸泡，洗净，再将海蜇皮切丝。然后将切好的海蜇丝放入锅中焯水捞出，放入碗中，再加入蒜蓉、姜丝、醋、生抽、葵花籽油和芝麻油拌匀，即可食用。

五、食用注意

（1）长时间储存的葵花籽油易氧化酸败，不宜食用。

（2）食用葵花籽油颜色是清透的，若颜色暗淡，闻起来有臭味则不宜食用，尚需精炼。

传说故事

向日葵的恋母情结

民谣里唱道："葵花朵朵向太阳，看似发光无热量。自幼生就恋母症，朝朝暮暮向着娘。"这里面藏着一个鲜为人知的故事。

相传在很久很久以前，天上有一个母太阳，生下了九个小太阳。加上母太阳一共十个太阳，大地生灵全部被烤焦，江海湖泊全部干涸。这事被天庭的玉皇大帝知道了，就传下旨意，命太白金星带领射箭高手后羿去射日。要将十个太阳射死九个，只留一个母太阳照亮人间就够了。

当后羿射死八个小太阳后，母太阳向太白金星求情，能否将小九阳留下来与她做伴，让他们母子相依为命。这下可让太白金星作了难，留吧，有违玉帝圣旨，回天庭难以复命；不留吧，就是斩尽杀绝，毫无人性。而且太白金星知道小九阳依恋妈妈，母太阳也十分疼爱小九阳。

太白金星考虑再三，最后让后羿射出一支没有箭头的箭，小九阳射而不死，却也不能留在天上，落入了人间。到了人间的小九阳"形似太阳却无光，看似发光无热量"，变成了我们现在见到的向日葵。

所以，我们现在看到葵花盛开时，很像一个个发光的小太阳。而且它还一直想念着它的妈妈，早中晚都面向它的太阳妈妈呢。

红花籽油

红花儿红花红，黄花儿黄花黄。
红花儿黄花儿黄又红，黄花儿红花儿红又黄。

——《红花儿红》绕口令

一、物种本源

拉丁文名称，种属名

红花籽油是以菊科红花属一年生草本植物红花（*Carthamus tinctorius* L.）的种子为原料制取的油，又称红花油。

形态特征

红花籽油清亮橙黄，味美可口。具有较强的抗冻性和稳定的香味。

习性，生长环境

红花喜光照，耐盐碱，抗旱能力和适应能力强，对土壤要求不高。中国是红花种植大国，产地主要分布在新疆、云南、河南等地。

红花籽

二、营养及成分

标准型红花籽油的脂肪酸组成为硬脂酸 1%～4.9%，油酸 11%～15%，亚油酸 69%～79%，碘价 140 左右，属干性油。油酸型红花籽油以油酸为主，约占60%，亚油酸占35%，碘价105左右，属半干性油。红花籽油富含不饱和脂肪酸，在所有已知作物中，亚油酸含量最高，高达73%～85%，素有“亚油酸之王”的美誉。此外，红花籽油中还含有大量的维生素E、谷维素、甾醇等药用成分，所以被誉为新兴的“健康油”“健康营养油”。

红　花

三、食材功能

红花籽油，可活血解毒，对痘出不快、妇女血气瘀滞、腹痛及生产后血病的康复有益。

（1）抗炎镇痛

红花的主要活性成分红花黄色素和红花苷，具有抗炎、镇痛等作用，能够增加冠状动脉血流量，抗心肌缺血，抑制血栓形成，降低血脂等，用于治疗高血压、冠心病、血栓、糖尿病等。

（2）降血脂

红花籽油含有的亚油酸能够溶解胆固醇，具有降血脂、清除血管内壁沉积物及降血压的作用。

（3）抗氧化

维生素E作为一种天然抗氧化剂，它对抑制人体细胞分裂、延缓衰老有重要的作用。红花籽油中的维生素E不仅含量高，其极强的渗透性也使其极易被人体吸收。

四、烹饪与加工

红花沉落雁

（1）材料：明虾、笋粒、香菇粒、芹菜粒、马蹄、熟地、番红花、四方饼、高丽菜、樱桃、虾味先、红花籽油、蒜末、鸡粉。

（2）做法：明虾烫熟，身去壳，取虾肉切丁，备用。熟地泡水切粒，马蹄切碎，备用。高丽菜切丝，淋少许沙拉，摆明虾头、樱桃，虾味先压碎做底。虾丁过红花籽油，把笋粒、香菇粒、芹菜粒、熟地粒、马蹄粒过沸水，沥干。下红花籽油，蒜末爆香，将沥干水的其余食材丁与虾丁拌炒，下鸡粉调味，起锅放在虾味先之上，洒上红花。四方饼蒸熟摆盘即可。

红花汁烩海鲜

（1）材料：明虾、鳕鱼、澳洲带子、青口贝、西蓝花、洋葱末、刁草、蒜泥、奶油、红花籽油、白酒、盐、胡椒粉。

（2）做法：明虾去头、壳，抽去沙筋，鳕鱼肉切块。西蓝花改刀，用开水焯熟，取出浸入凉水待用。锅烧热加红花籽油，投入洋葱末、蒜泥煸香，加入明虾等海鲜翻炒，再加入白酒、刁草、奶油及胡椒粉，以旺火烧开。加入西蓝花，改用中火收至汁水浓稠、有黏性，且各海鲜料成熟。装盆时，鳕鱼放在下面，虾肉置于顶端，辅以西蓝花装饰。

五、食用注意

（1）红花籽油，性温且微辛，实热证患者应少食、慎食红花籽油。

（2）健康人群食用时，依据个人情况酌减用量。

传说故事

何仙姑与红花

相传，天女散花时，爱美的何仙姑向百花仙子要了两朵红花。一朵插在头上，一朵拿在手中。一路上又是照镜子，又是嗅花香，心里美滋滋的。

正好玉皇大帝的外甥二郎神从一旁经过，他见何仙姑头上戴红花手中拿红花，便嬉皮笑脸地调侃何仙姑说：“何仙姑啊何仙姑，人人说你姑姥多，数遍天涯难计数，为何其中没有我?”

何仙姑不甘示弱，反唇相讥道：“二郎神啊二郎神，要说玩笑莫当真。你妹偷偷嫁凡人，肚大腰圆难见人。”

二郎神听后十分尴尬，顺手拔走了何仙姑头上的红花。何仙姑随后紧追不放，要讨回红花。二郎神施展神通，疾走如飞，可何仙姑法力不够，怎么追也追不上。何仙姑一气之下不再追讨，并将手上的红花也扔向凡间。红花随风落在喜马拉雅山山脚，变成藏红花。

二郎神见何仙姑真的生气了，自觉没趣，便收了神通，将红花还给何仙姑。何仙姑不要，将这朵红花也扔向凡间，落在了新疆的天山脚下。

由于这朵红花曾插在何仙姑的头上，为头油所染，就变成了能出油的天山油籽红花。

火麻籽油

葛岭当年宰相家，游人不敢此行过。
柳阴夹道莺成市，花影压阑蜂闹衙。
六载襄阳围已解，三更鲁港事如何。
栋梁今日皆焦土，新有园丁种火麻。

——《贾魏公府》（南宋）汪元量

一、物种本源

拉丁文名称，种属名

火麻籽油，又名寒麻油、火麻油、线麻油、汉麻油等，是从桑科大麻属植物大麻（*Cannabis sativa* L.）的干燥成熟果实火麻仁中制取的油。

形态特征

火麻籽油中含叶绿素成分较高，呈深青色，且溶于水，有浓香植物青味。在阳光照射下不能超过3小时，否则易变质。

习性，生长环境

火麻性喜光，属短日照作物，生长过程需水量较大，不耐低温，对土壤要求严格，以土层深厚，土质松软，富含有机质，地下水位低，排灌方便的地区为佳。现各国均有种植，在我国最著名的是广西巴马火麻。

火麻仁

火麻籽油

二、营养及成分

火麻籽油含有丰富的蛋白质、不饱和脂肪酸，还有卵磷脂、亚麻酸、维生素及铁、锌、硒等人体必需的微量元素。火麻籽油还含有人体细胞必需的氨基酸、β-胡萝卜素、叶绿素、叶酸、植酸、烟酸、卵磷脂、植物甾醇类等营养素。

三、食材功能

作为火麻籽油原料的火麻仁在2000年被列入《中华人民共和国药典》。2008年9月颁布的《关于进一步规范保健食品原料管理的通知》中规定火麻仁是一种药食同源性原料。火麻籽油食之有润肠胃、滋阴补虚、助消化、明目保肝、祛病益寿之功效，且对便秘、高血压和高胆固醇等有特殊的疗效。

（1）延年益寿

火麻籽油营养丰富，长期食用有益心脑血管的健康，有延年益寿的作用，还具有降低血脂、血压、血糖等功效。

（2）增强记忆

火麻籽油含有较高的人体必需脂肪酸，其最终代谢产物是EPA和

DHA，DHA是大脑形成和智力开发的必需物质。

（3）消炎作用

火麻籽油具有保护嗓子的作用，对声音嘶哑、慢性咽喉炎有良好的消炎作用，对鼻炎、慢性神经炎等亦有疗效。

（4）清火平肝

火麻籽油含有的多种生物活性成分对免疫系统有不同程度的调节作用，可以起到保护肝脏的解毒作用，对体液免疫有明显的调节作用。

四、烹饪与加工

火麻油铁锅炖鱼贴饼子

（1）材料：鲫鱼、玉米面、火麻籽油、小苏打、葱段、姜片、八角、花椒、蒜瓣、料酒、醋、红烧酱油、糖、盐。

（2）做法：在玉米面中加入小苏打、温水，揉成面团，饧5分钟。鲫鱼清理干净，控干水分。平底锅中加少许火麻籽油，将鲫鱼煎至两面金黄。加入葱段、姜片、八角、花椒、蒜瓣、料酒和醋，加盖焖片刻。加热水没过鲫鱼，加入红烧酱油、糖，大火烧开。饧好的玉米面团，团成小球，压成小饼，贴于锅边，加上盖子，用中火炖15分钟。加盐，大火收汤，即可。

五、食用注意

（1）脾胃虚寒、久泻者不适宜食用。

（2）一次食入火麻仁60克以上，可致中毒，出现呕吐、腹泻，甚至昏睡，应慎用。

传说故事

火麻治便秘

张献忠这个人在中国的历史上，可算得上是家喻户晓、妇孺皆知了。可是他错用火麻吃尽苦头的故事，你可能并没有听说过。

传说当年张献忠在四川作战的时候，由于环境湿热，再加上数日不眠，结果便秘了。这可苦了张献忠，山中作战，一没良药调理，二没功夫医治。可怜张献忠熬了几天，实在受不了了，就张榜寻药。

很快，当地一个农夫揭了榜，说山中火麻叶可以滑肠通便。张献忠大喜，便让农夫带着士兵去山里采摘。很快，士兵就带着火麻叶回来了。张献忠急忙拿来带回营中，关上房门抓了几张大草叶子就来擦屁股。可是刚擦两下，屁股就跟火烧一样，疼得他蹦出一丈多高。张献忠双手紧捂着屁股，嘴里骂道："赶紧把那个天杀的农夫给我抓来！"士兵们也吓坏了，连忙去把农夫给抓来，捆到张献忠面前。

农夫跪在地上不断求饶，张献忠怒气未消，他厉声问道："你这刁民，快快招来。谁指使你来害我的？我现在屁股跟火烧一样痛。不老实招认，我要杀你示众！还要杀你全家！"

农夫缓过神来，明白是怎么回事了，战战兢兢地问道："大帅是不是直接用火麻叶外用于屁股了？"张献忠眼睛一翻，点了点头。

"这便错了，这火麻叶不是外用，是内服。需热水浸泡至柔软，再按量服用。都怪小人没讲清楚，望您开恩啊！"张献忠一听，一边立刻差人去办，一边对农夫说："姑且再信你一回，若药到病不除，还要你脑袋搬家！”农夫听了连连点头。

说来也奇，服用火麻叶后不出几天，便秘真就好了。张献忠心情大好，不仅放了农夫回家，还给了农夫一大笔钱。后来，张献忠从四川撤兵时还带走了不少火麻叶。

亚麻籽油

亚麻抽丝纺车转，织就云锦代代传。
诚绘唐卡尊佛道，若修来生结佛缘。

——《亚麻》（清）江城子

一、物种本源

拉丁文名称，种属名

亚麻籽油是从亚麻科亚麻属一年生草本植物亚麻（*Linum usitatissimum* L.）成熟种子的种仁中榨取的脂肪油，又名胡麻油、胡麻子油、亚麻油。

形态特征

亚麻籽油萃取工艺一般有冷榨、热榨、浸出三种。油品呈金黄色、清亮、有特异的亚麻气味略带鱼腥味为冷榨油；呈黄褐色、略带糊味为热榨油；呈浅黄色甚至无色、有浓浓的鱼腥味为浸出油。其中以冷榨油为最佳。

亚麻籽

习性，生长环境

亚麻性喜凉爽湿润气候，耐寒，怕高温，要求光照充足。土壤要求土层深厚、疏松肥沃、富含有机质。油用亚麻，“冷凉的气候、丰盈的土壤、充足的光照”三个条件必不可缺。油用亚麻主产我国的西北、内蒙古一带，东北地区也有少量种植。

二、营养及成分

作为原料的亚麻籽粗蛋白、脂肪、总糖含量之和高达84.1%。亚麻籽蛋白质中所含氨基酸种类齐全，必需氨基酸含量高达5.2%，是一种营养价值较高的植物蛋白质。亚麻籽油中α–亚麻酸含量为53%，作为人体必需脂肪酸，在人体内可转化为二十碳五烯酸和二十二碳六烯酸。亚麻籽油中含有大量多糖，多糖有抗病毒、抗血栓、降血脂的作用。亚麻籽油中还含有维生素E，作为一种强有效的自由基清除剂，有延缓衰老和抗氧化的作用。

据测定，亚麻籽油中的不饱和脂肪酸的含量很高。亚麻籽油的非皂化物为8.3%，说明在亚麻籽油中还存在数量可观的高级脂肪醇、甾醇和羟类等。亚麻籽油含磷、铁、锰、锌、铜等矿物质。此外，还含有阿魏酸、多种甾类、三萜类、氰苷等有机化合物。

三、食材功能

亚麻籽油，有润燥通便、养血祛风的功效，对病后虚弱、眩晕、便秘、老人皮肤干燥、瘙痒、毛发枯萎脱落等症的康复有辅助食疗效果。

（1）预防心脑血管疾病和降血脂

亚麻籽油中含有的α–亚麻酸可以有效防止血栓的形成，达到预防心

亚麻花

脑血管疾病的作用。α–亚麻酸的代谢产物对血脂代谢有温和的调节作用，从而达到降低血脂，防止动脉粥样硬化的目的。

（2）抗炎作用

实验证明，人体摄入α–亚麻酸能纳入白细胞，所以摄入一定量亚麻籽油能使炎症得以减轻，起到抗炎的作用。

四、烹饪与加工

亚麻籽油葱香面包咸布丁

准备好吐司、鸡蛋、牛奶、亚麻籽油、盐、黑胡椒碎、葱花。将土司切小丁，备用；鸡蛋加盐打散，倒入牛奶及一半的葱花和黑胡椒碎，拌匀；在容器底部铺一层吐司丁，倒入适量蛋奶液，没过吐司丁，继续一层土司一层蛋奶液，直至容器装满；放入预热好的烤箱，中层，上下火175℃，烤至表面酥脆，出炉；将剩下的葱花和黑胡椒碎撒在表面；淋上亚麻籽油即可。

亚麻籽油酸奶水果捞

准备好原味酸奶、菠萝、桑葚、柚子、亚麻籽油、蔓越莓干、黑白芝麻。将菠萝切小丁，柚子肉掰碎，将菠萝、桑葚、柚子一起放入杯中，略微搅拌，混合均匀；倒入酸奶，稍微搅拌一下，让酸奶渗入底部；倒入亚麻籽油，撒上蔓越莓干、黑白芝麻，拌匀后食用。

五、食用注意

（1）寒证引起的久泻患者勿食。

（2）亚麻籽油是低温烹调油，不能用于高温炒菜，否则会破坏α–亚麻酸，降低亚麻籽油的功效。

（3）亚麻籽油需要避光保存，这是因为α–亚麻酸在光照条件下可能会被分解、变质而损失营养。

延伸阅读

能屈能伸的亚麻

有一天，一棵泡桐树和亚麻聊天。高大魁梧的泡桐树挖苦亚麻道："嘿，亚麻小弟，世界对你真不公平，一只小小的杜鹃就把你压得弯腰驼背，徐徐的微风就把你吹得摇摆不定，你真是瘦弱不堪，让人可怜呐！你瞧我雄伟如山，根本不把刺眼的阳光放在眼里，还敢蔑视闪电，嘲笑风暴。同样一阵风，在强壮的我面前只能算是习习微风，可对瘦削的你而言，就是猛烈的狂风了。到我身边来吧，我可以替你挡风遮雨。只可惜，你离得那么远，我也照顾不到你啊！"

面对泡桐树的嘲讽，亚麻依然面带微笑，礼貌地回答道："谢谢你的关心！我虽然瘦小，弱不禁风，可我能屈能伸啊。我被风吹弯了腰，但并不会折断，要不了多久，我就能重新站起来。泡桐大哥，你可要小心哟！虽然强风暴雨从没击垮你的坚强，让你俯首称臣，可它绝不会罢休的！"

泡桐树听后哈哈大笑起来，觉得不可思议，没有理会亚麻的忠告。

过了一段时间，一场大风暴不期而至。北风夹带着冰雹，呼呼地咆哮，仿佛是一个凶残的恶魔，要摧毁一切生灵。亚麻赶紧弯下腰，扑倒在地上。而泡桐树笔直的躯干被吹得左摇右摆，岌岌可危。不一会儿，一轮更强的狂风暴雨袭来，把高大的泡桐树连根拔起，重重地摔在地上。

风暴过去了，亚麻重新挺起了腰身，看着倒在地上的泡桐树，叹了一口气。

牡丹籽油

嫣然国色眼中来，红玉分明簇一堆。
最爱倚阑如欲语，缘知举酒特先开。
洛中旧谱头须接，吴下新居手自栽。
若向花间求匹配，扬州琼树是仙材。

——《牡丹》（明）吴宽

一、物种本源

拉丁文名称，种属名

牡丹籽油是从毛茛科芍药属植物牡丹（*Paeonia suffruticosa* Andr.）的种子中提取的木本植物油，又称牡丹油。

形态特征

牡丹籽油常温呈液态，透明清亮，色泽黄色到金黄色，具有牡丹鲜花的清香味。

习性，生长环境

牡丹发源于中国，已有2000多年的种植和栽培历史，目前，牡丹大规模种植地在我国的河南、山东、安徽等省份。牡丹性喜温暖、凉爽、干燥、阳光充足的环境。喜阳光，也耐半阴，耐寒，耐干旱，耐弱碱，忌积水，怕热，怕烈日直射。适宜在疏松、深厚、肥沃、地势高排水好的中性沙壤土中生长。

牡 丹

二、营养及成分

牡丹籽油中总不饱和脂肪酸的含量为83.2%～96.6%，其中α–LNA的含量居首位，含量为37.3%～74.1%；其次是亚油酸，含量在13.7%～31.1%范围内；再次是油酸，含量在0.5%～27.4%之间。牡丹籽油除含有不饱和脂肪酸外，不皂化物也占有一定比例。不皂化物主要由谷甾醇、岩藻甾醇等甾醇类化合物、角鲨烯和维生素E等组成，其中所占比例最大的是甾醇类化合物。牡丹籽油还含有钙、钠、钾、铁、锌、铜等矿物质。

牡丹籽

三、食材功能

研究证明，牡丹籽油在预防及治疗心脑血管疾病、抗炎、降血脂、降血糖、抗衰老等方面有一定的作用。

（1）抗氧化作用

牡丹籽油能有效清除自由基，这表明牡丹籽油有着较好的抗氧化作用。

（2）降“三高”作用

牡丹籽油中所含的活性成分如亚麻酸、甾醇、齐墩果酸等有降低血糖、血脂的作用。实验证明，牡丹籽油不仅降低了血脂水平，而且显著降低了血糖水平，改善了糖耐量，证明其具有降“三高”的功效。

（3）防晒作用

紫外线能到达人体肌肤的深层处，导致真皮层受损、胶原蛋白被破坏，以及皮肤深层处微细结构被晒伤而老化肌肤。研究发现，牡丹籽油可抵抗穿透皮肤表层及真皮层的紫外辐射，吸收紫外线，起到一定的防晒美白护肤作用。

四、烹饪与加工

煎炸

与草本植物油不同，牡丹籽油因其抗氧化性能和很高的不饱和脂肪酸含量使其在高温时化学结构仍能保持稳定。使用普通食用油时，当油温超过了烟点，油及脂肪的化学结构就会发生变化，可产生致癌物质。而牡丹籽油的烟点在240～270℃之间，远高于其他常用食用油的烟点。因而，牡丹籽油是最适合煎炸的油脂。

直接食用

可以将特级初榨牡丹籽油加进任何菜肴里用来平衡有较高酸度的食物，如柠檬汁、酒醋、葡萄酒、番茄等。它还能使食物中的各种调料吃起来味道更和谐。

五、食用注意

（1）孕妇不宜过量食用。

（2）空腹不宜食用。

盛世牡丹

话说武则天一怒之下将牡丹发配洛阳，途中有株白牡丹显了仙形，化作白衣少女。她生怕再遭天祸，一心想找个清静的地方，平平安安过日子，便中途逃脱。她向北而行至三合村，见这里不仅山清水秀，风景迷人，而且村民勤劳淳朴，便打算在此地生根。

太阳快要落山的时候，她来到三合村东的寺庙前，对庙里老和尚说：“进寺庙许个愿，很快就出来。”可是老和尚左等右等，也没见少女出来，便去庙里寻找。可谁知找到天黑，连个人影也没见到。老和尚不禁觉得奇怪，不过时间久了也就忘记了。

第二年春，寺庙院内长出一株白牡丹，谷雨后绽开了洁白如玉的花朵，花大如盘，散发出阵阵清香。这株牡丹越长越旺，不几年，就长成五尺高。远近百姓听说后，都争着来一睹为快，一时间寺庙门前人山人海。人们议论纷纷，都说这是牡丹仙子劫后余生，能在此地生根，是三合村风水好，人杰地灵。

老和尚听了，忽然想起当年来许愿的白衣少女，一下子恍然大悟。此后，这株牡丹成了当地一景，人们发现凡白牡丹枝繁叶茂的时候，三合村一带便风调雨顺，五谷丰登；如果三合村一带遇到灾年，牡丹便枝枯叶黄。老和尚说这牡丹飘零至此，傲骨犹存，乱世不开，盛世满枝。

紫苏籽油

吾家大江南，生长惯卑湿。
早衰坐辛勤，寒气得相袭。
每愁春夏交，两脚难行立。
贫穷医药少，未易办芝术。
人言常食饮，蔬茹不可忽。
紫苏品之中，功具神农述。
为汤益广庭，调度宜同橘。
结子最甘香，要待秋霜实。
作腐罂粟然，加点须姜蜜。
由兹颇知殊，每就畦丁乞。
飘流无定居，借屋少容膝。
何当广种艺，岁晚愈吾疾。

——《紫苏》（南宋）章甫

一、物种本源

拉丁文名称，种属名

紫苏籽油是从唇形科紫苏属一年生草本植物紫苏［*Perilla frutescens*（L.）Britt.］的成熟种子中制取的油脂。

形态特征

紫苏籽油常温下呈液态，油色淡黄，油质澄清，气味清香，有淡淡的紫苏味。

习性，生长环境

紫苏发源于我国中南部地区，现我国各省（区）均有分布，泰国也有紫苏种植历史，如今已有很多国家引入种植，如日本、朝鲜、印度、不丹、印度尼西亚等。紫苏有较强的适应能力，具有耐温喜温的特点，在温暖潮湿的环境下生长非常茂盛，属典型的短日照植物。人工种植所需的土壤条件并不严格，建议选用疏松肥沃、水源良好的沙质土壤为宜。

紫苏籽

二、营养及成分

紫苏籽中含有大量的脂肪、蛋白质、膳食纤维以及非氮物质，其含油率达50%以上，蛋白质含量占26%。紫苏籽油中主要含有软脂酸、油酸、亚油酸、硬脂酸、花生酸、花生四烯酸以及α–亚麻酸。紫苏籽油中不仅含有多种氨基酸，而且还含有多种微量元素，具有较高的营养保健和药用价值。

三、食材功能

紫苏籽油里丰富的亚麻酸具有降低血清中胆固醇、甘油三酯、低密度脂蛋白和极低密度脂蛋白的作用，从而抑制血栓形成，预防心梗和脑梗。另外α–亚麻酸还可以降低血黏稠度，增加血液携氧量，抑制

紫　苏

甘油三酯的合成，增加体内各种脂质的代谢，所以紫苏籽油降脂降压的效果特别明显，尤其是对高血脂及临界性高血压的降低作用更加突出。

（1）抗炎抗菌

紫苏籽油中含有的α–亚麻酸，可以抑制人体炎症反应的发生。有研究结果表明，α–亚麻酸与甘油三酯结合对霉菌有明显的抑制，且具有用量较少、使用安全等特点。临床上研究，紫苏籽油对由于化学物的刺激、物理性光辐照与温差的变化引起的鼻炎，以及虾蟹类蛋白类食物引发的咽炎、哮喘性咳嗽以及过敏性荨麻疹等，都具有良好的抗炎效果。

（2）降血脂

紫苏籽油能降低血清总胆固醇和甘油三酯，调节血压。紫苏籽油中的亚麻酸刺激胆固醇的代谢，能使其生成的中性固醇和胆酸，这两种产物可由粪便排出，可以很好地改善人体机能。

四、烹饪与加工

紫苏油拌面

（1）材料：鸡蛋、青椒、金针菇、面条、生抽、老抽、蚝油、醋、紫苏籽油。

（2）做法：煎鸡蛋，炒熟青椒与金针菇。烧水煮面条，煮好后，过凉水并沥干。将紫苏籽油烧热。紫苏籽油内放适量生抽、老抽、蚝油、醋。小火加热后，将面条放入拌匀，加入鸡蛋、青椒、金针菇，即可。

紫苏排骨

（1）材料：排骨、紫苏籽油、糖、老抽、葱、姜、干辣椒、八角、香叶、桂皮、黄酱、醋。

（2）做法：排骨洗净，焯水控干水分，炒锅烧至三成热时，倒入紫苏籽油，放入排骨，用中火开始炒。至排骨变色出现水分，调小火力继续翻炒，加入糖、老抽。加入热水，水量以没过排骨为准，放入葱、姜、干辣椒、八角、香叶、桂皮，再放入一勺黄酱，根据个人口味添加。转小火，炖40分钟。至排骨软烂后，转大火收干汤汁，同时翻炒。出锅前，淋入醋拌匀，即可。

五、食用注意

（1）气虚、阴虚久咳、脾虚便溏者忌食。

（2）高热或虚火旺盛的患者，慎用。

传说故事

华佗与紫苏

相传有一年重阳，华佗带着徒弟到一家酒馆吃饭。只见几个少年在比赛吃螃蟹，他们狂嚼大吃，蟹壳堆成一座小塔。华佗知道螃蟹性寒，吃多了会生病，便上前好言相劝。那伙少年吃得正来劲，哪听得进华佗的良言。其中一个少年还讽刺说："老头儿，你是不是眼馋了，我掰一块给你尝尝。"华佗摇摇头，对掌柜说："不能再卖给他们了，吃多了会出人命的。"

掌柜把脸一沉说："少管闲事，别搅了我的生意！"华佗只好作罢。过了一个时辰，其中一个少年突然额上冒汗，捂着肚子在地上翻滚，直叫唤肚子疼。

掌柜吓坏了，愣在那里。这时，华佗说："我知道你们得的是什么病。"少年们都惊异地看着华佗，想到刚才自己的失礼，又不好意思开口求救。可实在疼得忍不住，只好央求道："您大人不记小人过，发发善心吧，你要多少钱都好说。"

华佗说："我不要钱，只要你们今后尊重老人，不再胡闹！"

少年们连忙点头："一定，一定，您快救命！"

华佗让徒弟到酒馆边的洼地里抱回一捧野菜叶子，请掌柜熬了几碗汤。少年们服用后，肚子真的不疼了。他们千恩万谢，说华佗是神仙下凡。

华佗对掌柜说："险些闹出人命！你以后千万不要光顾赚钱，不管别人性命！"掌柜连连点头称是。

徒弟疑惑道："老师，这是什么叶子？医书上没见过啊。"

华佗道："书上是没有讲过，但是你难道忘了那只水獭吗？"

原来前些日子，师徒二人在河边采药。看见一只水獭捕鱼，嚼吃了好一阵，把大鱼连鳞带骨吞进肚里，肚皮撑得像鼓一样。水獭撑得难受，一会儿在水中翻滚，一会儿躺岸上不动。后来，只见水獭爬到岸边吃了几把野菜叶子，又爬了几圈，便舒坦自如地游走了。

徒弟恍然大悟道："鱼属凉性，螃蟹也是凉性，这野菜叶子属温性，能解寒毒，您这是向水獭学的。"

本来华佗给它取名叫"紫舒"的，可是"舒""苏"音近，叫着叫着就成"紫苏"了。

沙棘籽油

深山葱郁沙棘稠，开花结籽出棘油。
金山银山映绿水，回归自然人增寿。

——《沙棘》（现代）陈柏春

一、物种本源

拉丁文名称，种属名

沙棘籽油是胡颓子科沙棘属落叶性灌木沙棘（*Hippophae rhamnoides* L.）的成熟种子经过萃取得到的油脂。

形态特征

沙棘籽油是棕黄色到棕红色透明油状液体，气味芳香，是集沙棘有效成分为一体的高度浓缩物。

习性，生长环境

沙棘喜光，耐寒，耐酷热，耐风沙及干旱气候。极耐贫瘠，对土壤适应性强，可以在盐碱化土地上生存，因此被广泛用于水土保持。常生长于海拔800～3600米温带地区向阳的山嵴、谷地、干涸河床地或山坡，多出现于多砾石区、沙质土壤或黄土上。我国黄土高原地区极为常见。

沙棘果

中国西北部大量种植沙棘，用于沙漠绿化。沙棘主要分布于河北、内蒙古、山西、陕西、甘肃、青海、四川西部等地。

二、营养及成分

沙棘籽油中含肉豆蔻酸0.1%、棕榈酸9.6%、硬脂酸2.2%、油酸23.2%、亚油酸36.6%、亚麻酸26.2%。还含有多种微量元素，其中包括铁、碘、铜、锌、锰、钴、钼、硒、铬、锡10种微量元素。

沙棘果

三、食材功能

藏医学的奠基之作《月王药诊》中记述："沙棘医治'培根'，增强体魄，开胃舒胸，饮食爽口、容易消化。"

1977年沙棘被正式列入《中华人民共和国药典》，明确了沙棘为药食双用之珍贵资源。其味酸、涩，性温。可止咳化痰，健胃消食，活血散瘀。

（1）抗衰老

沙棘籽油中的沙棘总黄酮可直接捕获超氧自由基和羟自由基，维生素C、维生素E和超氧化物歧化酶具有抗氧化及消除细胞膜上自由基的作用，有效延缓人体衰老。

（2）抗炎生肌

沙棘籽油中富含维生素E、胡萝卜素、类胡萝卜素、β–谷甾醇、不饱和脂肪酸等，可抑制皮下组织炎症，明显促进溃疡愈合。还对治疗黄褐斑、慢性皮肤溃疡有很好的效果。

（3）促进生长发育

沙棘籽油含有的多种氨基酸、维生素、微量元素、不饱和脂肪酸（EPA、DHA），对儿童的智力发育及身体生长均有很好的促进作用。长期食用，可提高儿童智力水平、反应能力。

（4）保护肝脏

沙棘籽油中含有的苹果酸、草酸等有机酸，具有缓解抗生素和其他药物的毒性作用，有效保护肝脏。沙棘籽油中卵磷脂等磷脂类化合物是一种生物活性较高的成分，可促进细胞代谢，改善肝功能，抗脂肪肝，抗肝硬化。另外，沙棘籽油对心脏、肝脏、肺脏及骨骼均有明显的保护作用。

（5）促消化

由于沙棘籽油中含有大量氨基酸、有机酸等多种营养成分，还有酚类化合物，可促进胃酸的合成，刺激胃液分泌。因而具有消食化滞、健脾养胃、疏肝理气的作用。对消化不良、腹胀痛、胃炎、胃及十二指肠溃疡、肠炎、慢性便秘等均有极好的改善作用。

四、烹饪与加工

沙棘籽油面

（1）材料：面条、沙棘籽油、盐、鸡精。

（2）做法：准备好面条，水烧开。下面，并用筷子拌匀，用大火煮开转小火煮。沙棘籽油、盐、鸡精取适量加入煮好面中，即可。

五、食用注意

（1）不应和其他滋补性的中药一起服用。

（2）糖尿病患者不宜食用。

（3）沙棘性温，体质偏热者不宜食用。

（4）咳嗽、发热、喉咙发炎者不宜食用。

（5）食用沙棘籽油后，忌烟、酒及辛辣、生冷、油腻食物。

传说故事

沙棘强军

相传三国时期，在蜀国的一次东征中，大军来到金沙江和澜沧江畔地带，由于山路险峻、人疲马乏，后继粮草又接济不上，很快就陷入了饥饿的危境中。这时，有人在荒山野岭中发现了一种被称为“刺果”的植物，鲜艳的果实挂满枝头，可是没人敢吃。

直到几天以后，士兵们发现一些战马吃了这些野果后迅速恢复了体力，才纷纷采食，由此渡过了难关。这种植物就是广泛分布在四川、云南山岭中的沙棘。

无独有偶，这小小沙棘也曾帮助过成吉思汗的铁骑。据说成吉思汗为了提高大军的远征实力，将一批体弱多病的战马弃于途中，任其自生自灭。没想到，待他们胜利归来，发现这些战马不但没有死，反而个个膘肥体壮，皮毛闪闪发光，恢复了往日的神威。战马见主人们归来，呼啸而起，振鬣长嘶。将士们一见此景，十分惊异。

几经考察，最终发现，原来这些被放逐的战马生活在一片沙棘林里，饿了吃沙棘叶和沙棘果，全靠沙棘为生。没想到，沙棘竟有如此神奇的作用，大家立即向成吉思汗禀报此事。成吉思汗下令全军将士大量采摘沙棘果，并随军携带。将士们食用了沙棘之后，也个个体力充沛，精神抖擞，作战时如虎添翼，威猛无比。

柑橘籽油

后皇嘉树，橘徕服兮。
受命不迁，生南国兮。
深固难徙，更壹志兮。
绿叶素荣，纷其可喜兮。
曾枝剡棘，圆果抟兮。
青黄杂糅，文章烂兮。

——《橘颂》（节选）
（东周）屈原

一、物种本源

拉丁文名称，种属名

柑橘籽油是从芸香科柑橘属植物柑橘（*Citrus reticulata* Blanco）的成熟种子中榨出的油。

形态特征

柑橘籽油色泽浅黄，具有特殊的滋味和芳香气，属于良好的半干性植物油。

习性，生长环境

柑橘喜好温暖湿润的气候环境，但耐寒性较柚、橙稍强一些。《晏子春秋》中记载："橘生淮南则为橘，生于淮北则为枳。"其味道的差异，

柑橘籽

主要因为生长环境的不同。据记载，柑橘在我国已经有4000多年的种植历史，大约有19个省、市、自治区种植柑橘作物，如浙江、湖南、湖北、江西、福建和重庆等省市。

二、营养及成分

柑橘籽油中的脂肪酸，尤其是不饱和脂肪酸含量尤为丰富，如油酸、亚油酸及亚麻酸等。经测定，不饱和脂肪酸中的亚油酸、油酸及亚麻酸的含量分别占52%、27.1%和3.9%；而饱和脂肪酸中的棕榈酸和硬脂酸含量约占11.6%和5.8%。此外，柑橘籽油中还包括柠檬苦素、黄酮类化合物、维生素E、磷脂等活性成分。经测定，柑橘籽油中的黄酮类物质含量约为7毫克/毫升，黄酮类物质能够有效地抑制脂类氧化，具有抗菌、抗炎症、抗过敏及抑制血小板凝集等方面的功效。维生素E又称生育酚或产妊酚，是一种重要的抗氧化剂。经测定，在柑橘籽油中其含量约为161微克/克。

三、食材功能

柑橘籽油作为一种常见的中华传统食材，除了具有驱味、赋予香气的作用外，还具有镇静、缓解疲劳、镇咳和祛痰、理气健胃、镇痛、抗菌消炎、促进胃肠消化等功效，具有较高的营养和食疗价值。

（1）抑菌作用

柑橘籽油含有的倍半萜烯类化学成分及含氧衍生物醛，如柠檬醛、酮、醇和酯类成分是柑橘籽油产生香气的主要来源物质，同时这些化学成分也对酵母霉菌和产孢子的细菌都有明显的抑菌功效。另外，黄酮是柑橘籽油中存在的另一类具有显著生物活性的重要成分，常见的黄酮类物质如柚皮苷、新橙皮苷、柚皮素、芸香苷等化学物质，其中研究较多的是多甲氧基黄酮。国内外的许多相关研究结果表明，其具有显著的抗炎作用。

柑　橘

（2）抗氧化作用

橙皮苷和橙皮素是存在于柑橘籽油中的两种黄酮类化合物，具有明显的抗氧化作用，可预防多种氧化剂和其他化学物质通过氧化应激或其他机制对人体造成的损害，从而预防和治疗相关疾病。

（3）护肝作用

据国外文献报道，柑橘籽油中的柠檬苦素类物质可通过降低乳酸脱氢酶的活性，有效缓解肝缺血再灌注对人体的毒害作用。此外，还发现柠檬苦素对人类肝脏微粒体中主要的 CYP 同工酶活性有明显的体外抑制作用。

四、烹饪与加工

凉拌

在拌凉菜时，放入少许柑橘籽油，可以改善滋味或增加菜品的色泽。如在海蜇、海带、黄瓜、菠菜、豆皮、豆干等凉拌菜中放入柑橘籽油，可达到增香增色的作用。

熬汤

熬汤时，可加入适量柑橘籽油，特别是鱼汤，可去鱼腥味。如熬制鲫鱼汤，其做法如下：先将柑橘籽油倒入锅中加热，当烧至九成热，下鲫鱼煎制，再放入葱花、姜片，再放入菌类食材，倒入白开水，加入胡椒、味精等调料，继续用大火煮开。最后，加入少许盐，滴上几滴芝麻油，拌匀，即可食用。

五、食用注意

（1）柑橘籽油必须精炼后方可食用，因为粗制的柑橘籽油含有较高的杂质，如色素或其他不溶性物质，不仅影响油脂的色泽和质量，对人体神经系统和心血管系统均有一定的毒害作用。

（2）柑橘籽油忌存放时间过长，因为油脂易氧化并生成极性小分子的醛、酮等物质，对人体健康产生危害。

（3）健康人群食用时，柑橘籽油用量可依据个人情况酌减。

石人传橘

相传在很久很久以前，观世音菩萨的莲花宝座前边有一块顽石，吮日月甘露，吸天地精华，在听了三万六千年的佛经以后，逐渐也通了灵性，成了观世音菩萨身边的众多童子之一。

观世音菩萨问身边童子们："尔等功果修成之后，各行什么善事？"

石人说："我别的都不要，只想把南天门外金树上的金果带到人间去，培植起来，造福人间。"观世音菩萨点头称善。石人便化作一个穷苦的青年下凡，带着金果走遍神州大地，寻找一个培育的好地方。

这天，石人到了观世音菩萨曾经落座的黄岩莲峰山。只见山前一条清澈碧绿的九曲澄江，环境幽美，土地肥沃，气候温和，真是一个栽种金果的好地方！

于是，他在莲峰山边搭了个草棚，安下身来。又到江边挑了三百六十担涂泥，垒起三丈六尺高的土墩，浇上三十六担田壅。然后，从怀里取出金光四射的金果，把它种在土墩上。

过了三年零六个月，墩上长出一株青翠的树。到了秋天，树上结满累累的金果，把澄江水都照亮了。石人把一只只金果分送给江边的贫苦百姓，请他们品尝，教他们培植。百姓们高兴极了，把金果栽种在自己的园地。没过几年，澄江两岸金果树郁郁葱葱，芳香四溢。

吃了金果，百病不生，延年益寿，人们便把它奉为吉祥之果，又因为其味道甘美，便称为柑橘。

花椒籽油

忆郎忆得骨如柴，夜夜望郎郎不来。
乍吃黄连心自苦，花椒麻住口难开。

——《拟吴侬曲·忆郎忆得骨如柴》（明）于谦

一、物种本源

拉丁文名称，种属名

花椒籽油是由芸香科花椒属植物花椒（*Zanthoxylum bungeanum* Maxim.）的成熟种子，经现代冷浸和精炼技术而制成的油。

形态特征

花椒籽油呈浅黄绿色或浅褐色油状液体，可有结晶状析出物，具有花椒特有的香气和麻味，麻味厚重，椒香浓郁。

习性，生长环境

花椒性喜光，耐干旱，耐寒，抗病能力强，有耐强修剪的生长特性。适合在温暖湿润及含有丰富腐殖质的土层、沙壤土生长，易在山区种植。重庆江津、四川汉源、陕西凤县和韩城、山西芮城、山东莱芜等地区是我国花椒的主要产区。

花　椒

二、营养及成分

花椒籽油中含有丰富的不饱和脂肪酸、维生素、酚类及钙、铁、锌等多种人体生长发育所必需的矿物质。花椒籽油中的脂肪酸成分有硬脂酸1.3%、油酸2.9%、棕榈油酸5.8%、棕榈酸13.6%、亚油酸25.5%、α–亚麻酸50.9%等。此外，花椒籽油中还含有大量抑制氧化反应、对抗自由基的维生素E。

花椒籽

三、食材功能

花椒籽油属于非挥发性油脂，主要化学成分是不饱和脂肪酸，其中，亚油酸含量约占60%，作为人体必需脂肪酸，其对生长发育和维持心脑血管系统平衡都有重要作用。此外，花椒籽油中含有的α–亚麻酸又称为脑黄金，对维持大脑活动和神经系统发育有显著的作用。因此，长期食用花椒籽油有抗血栓、降血脂、抗菌消炎、健脑益智等功效。

（1）降血脂作用

有“脑黄金”美誉的α–亚麻酸在花椒籽油中的含量高达30%。α–亚麻酸是人体所必需的多不饱和脂肪酸，能有效降低血清胆固醇水平，调节人体血脂平衡，保护心脑血管系统。

（2）抗炎作用

花椒籽油具有很好的抗炎、抗过敏作用，对结肠炎、胃肠道炎等炎症有明显的预防和治疗效果。

（3）其他作用

花椒籽油中的维生素E能淡化色斑、滋养肌肤，还能预防流产，提高生育能力。此外，花椒籽油有舒张支气管平滑肌、治疗哮喘的作用。

四、烹饪与加工

煲汤

用花椒籽油煲汤可以去腥增色。如用花椒籽油熬黑鱼汤，具体做法如下：先将花椒籽油倒入锅中加热，下黑鱼煎制，放入葱花、姜片，再放入菌类食材和红枣，倒入白开水，加入盐、味精等调料，盖上锅盖，用大火煮开。最后，向汤中加入胡椒粉、辣椒面，拌匀，即可出锅。

炒菜

花椒籽油色泽清亮，芳香浓郁，可作为调和油在炒菜时使用，以增加菜品的色泽和麻辣滋味。如花椒籽油炒牛柳，具体做法如下：先将新鲜牛柳洗净，切片，然后再放在盆中加入盐、酱油、料酒、少量的糖、醋、淀粉和黑胡椒拌匀后腌制入味。向油锅内倒入稻米油和花椒籽油，放入葱、姜、蒜及干尖椒炸出香味，再倒入腌制好的牛柳翻炒均匀。炒熟后，再放入适量盐，淋上少许芝麻油即可出锅。

五、食用注意

（1）色泽深的花椒籽油含游离脂肪酸和蜡质，需精炼后才能食用。

（2）花椒籽油需避光保存，否则油脂会被分解、变质而损失营养。

传说故事

红女撒椒

传说，天上王母娘娘的外孙女叫红女，她美丽善良。

一次，红女云游凡间，来到了四川汉源。这里山清水秀，风景怡人。红女看了，好不喜欢。可是几天下来，发现这里山高路险，丛林密布，老百姓缺衣少食，生活不易。为了帮助四川汉源的百姓过上幸福的生活，她帮老百姓开辟了出山的路，还把天上的神树树种偷到了人间，撒播在汉源的山水之间。从此，汉源人靠花椒树改变了贫苦的生活。

因为私盗天上的神树，红女受到了王母娘娘的惩罚，她的元神被封在花椒树中，要囚禁千年来赎罪。人们感念红女的恩情，却又无力拯救。只能以树为神，进行祭拜。

后来，人们又赋予花椒树许多美好的寓意，以示感激与喜爱。《诗经》里，花椒是男女爱情的象征。《楚辞》里，花椒是神赐的香物。到了汉代，以花椒和泥而筑的椒房更是一种权力的象征，是皇后的寝宫。可以说，花椒是中国世代劳动人民的宝树。

酸枣仁油

霏霏晴复雨，草屋近茅湾。
未午闻鸡唱，刚秋见雁还。
水蒲多委佩，山枣半开颜。
忆见吹笙侣，颓云隔万山。

——《秋日西郊书事二首（其二）》（明）石宝

一、物种本源

拉丁文名称，种属名

酸枣仁油是从鼠李科枣属植物酸枣［*Ziziphus jujuba* Mill. var. spinosa（Bunge）Hu ex H. F. Chou］的干燥成熟种子酸枣仁中榨取所得的油。

形态特征

酸枣仁在经过严格的炒制、低温压榨、脱酸和脱水等一系列精炼过程所提取出的精华物质，即酸枣仁油，被称作“油中的黄金”。精炼后的酸枣仁油在色泽上呈现橘黄色，澄清透明，富有香气，风味独特。

习性，生长环境

酸枣，又名野枣、山枣、葛针等，主要在我国河北、辽宁、陕西、

酸　枣

河南等地种植，喜好温暖干燥的气候条件，耐寒，对干旱和碱都有较好的耐受力。适合在向阳且干燥的山坡、山谷等地理位置栽培，但不适合在低洼或者水涝的地方生长和种植。

二、营养及成分

酸枣仁油中含有丰富的有益脂肪酸、萜类、甾醇、角鲨烯和维生素E，以及钾、锌、硒等多种有益微量元素，具有降低血清中胆固醇含量、增强人体免疫力、美容护肤和减缓衰老等作用。研究人员从酸枣仁油中总共检测出了11种脂肪酸，其中，含量最高的是油酸和亚油酸两种成分物质，其含量分别为49.1%和26%，约占总脂肪酸含量的75%。在酸枣仁油中，不皂化物成分中含量最高的是角鲨烯成分，大概占总量的39%。叶绿醇、豆甾烷、豆甾醇等物质的含量也较高，分别为19.9%、10.8%和5.6%。此外，每100克酸枣仁油中，维生素E的含量约为18.7毫克。

酸枣仁

三、食材功能

酸枣仁油有养肝安神的功效，能预防和治疗虚汗盗汗、惊悸怔忡等症状。

（1）镇静催眠作用

酸枣仁油能够明显缩短睡眠潜伏期，并延长睡眠时间，从而具有直接催眠的作用。同时长期食用酸枣仁油并不会产生明显的耐受性。

（2）调节血脂作用

酸枣仁油能明显的降低血脂中的甘油三酯、总胆固醇、高密度脂蛋白以及低密度脂蛋白的含量，达到调节血脂的作用。此外，酸枣仁油对血脂及血清超氧化物歧化酶、丙二醛、全血氧化氢酶活性产生影响，通过增强这三种相关酶的活性，达到减少过氧化危害的作用。

（3）抗氧化作用

酸枣仁油是体现酸枣仁功效的重要物质基础。有研究表明，酸枣仁油具有消除自由基、抗氧化的作用。

四、烹饪与加工

制作饮品

在燕麦粉、牛奶、坚果粒中加入酸枣仁油，拌匀后，即可食用；将酸枣仁油与苹果汁、香蕉汁、西瓜汁等果汁混合，充分搅拌后，制成水果茶，可直接饮用。

制作沙拉酱

在碗中放入蛋黄、糖、面粉，用打蛋器打发至蛋黄体积膨大，颜色变浅，呈浓稠状，再加入酸枣仁油和浓缩柠檬原汁，当碗中的沙拉酱渐渐由黄变白，再加入少许蜂蜜与盐，拌匀，即可食用。

炒菜

酸枣仁油香气扑鼻，气味纯正，可用来炒菜，如酸枣仁油炒香菇。制作方法如下：先将一勺酸枣仁油倒入炒锅中加热，再放入葱、姜、蒜，炒香后放入切好的香菇、青菜和胡萝卜丝快速翻炒，加入适量的盐、酱油、味精等调料，等香菇熟透后出锅，即可食用。

五、食用注意

（1）肝火旺盛、湿热下行者应慎食。

（2）酸枣仁油易氧化、变质，因此存放时间不宜过长。

传说故事

酸枣窥人心

从前，有个大夫叫刘老二，医术高明，尤其擅长治疗失眠或者嗜睡之症，每天来找他看病的人络绎不绝。这可急坏了一个叫李四的医生。李四想知道刘老二到底有什么家传秘方，于是让手下一个伙计装病，去刘老二那里一探究竟。

伙计来到刘老二的医馆，见前来就诊的病人很多，便上前去套近乎，询问他们的病情和所用的药物。原来，大家所用的药物都一样，都是酸枣仁。伙计便回去告诉了李四，李四听了甚是高兴，就大肆宣传，说自己的秘方专治失眠与嗜睡，而且每天来看病的前十五位病人可免费给药。

这么一宣传，前来看病取药的病人果然多了起来。但过了几天，李四医馆外聚集了很多人，其中一人冲其怒吼："你这个庸医，骗子！我以前还能勉强睡着，吃了你的药更加睡不着了！"之后的几天，也不断有人前来找麻烦。李四没有办法，只好状告刘老二，说他嫉妒自己生意好，故意请人来捣乱。

公堂上，刘老二直呼冤枉，但又找不出证据来证明自己的清白。于是县太爷就建议双方把酸枣仁治疗失眠与嗜睡的原理写出来，看看究竟谁是谁非。不一会儿，两人就写完了，大人看后，判刘老二无罪，李四停业。原来，李四写的是"酸枣仁既治疗失眠，也能治疗嗜睡。"而刘老二写的却是"酸枣仁，熟则收敛精液，故疗虚烦不眠、烦渴虚汗之症；生则导虚热，故疗胆热好眠、神昏倦怠之症。"

没想到，这酸枣仁熟生之性，竟能窥人善恶之心。

葡萄籽油

新茎未遍半犹枯，高架支离倒复扶。
若欲满盘堆马乳，莫辞添竹引龙须。

——《题张十一旅舍三咏·葡萄》（唐）韩愈

一、物种本源

拉丁文名称，种属名

葡萄籽油是以葡萄科葡萄属植物葡萄（*Vitis vinifera* L.）的种子葡萄籽为原料，精制后得到的一种营养健康的高级食用油脂。

形态特征

精炼后的葡萄籽油呈现澄清透明的淡黄色或淡绿色，无味、细致、清爽不油腻。在众多基础油品种中具有较高的营养保健价值且深受人们的喜爱。

习性，生长环境

葡萄喜温，喜光，较耐旱，生长环境湿度不宜过大，各地土壤均可生长，但以细沙质壤土最好。葡萄原产亚洲西部，世界各地均有栽培。葡萄在我国种植面积广阔、产量大，安徽萧县、新疆吐鲁番、山东烟台、辽宁大连、沈阳以及河南仪封等地是葡萄的主要产区。

葡萄籽

二、营养及成分

葡萄籽油中含有丰富的不饱和脂肪酸、维生素及多酚类物质，如原花青素、白藜芦醇等在葡萄籽油中占有很大的比例。研究人员对葡萄籽油中的脂肪酸构成进行了分析，结果表明，必需脂肪酸亚油酸含量约占总脂肪酸含量的75%，油酸含量约为14%。亚油酸作为人体必需脂肪酸，直接参与磷脂的生物合成，是构成细胞质膜和线粒体膜结构的重要组成部分，在维持血脂平衡、降低血清胆固醇等方面有重要的作用。此外，采用冷榨法提取的离心后的葡萄籽油中总多酚含量约为2.9毫克/千克，其中儿茶素和表儿茶素均为1.3毫克/千克，反式白藜芦醇为0.3毫克/千克。

葡萄籽油中植物甾醇类含量也很高。经测定，在每克葡萄籽油中植物甾醇的含量在2.6~11.3毫克，尤其是β−谷甾醇，含量较高，约占植物甾醇总量的70%。β−谷甾醇作为一种功能成分，主要与抑制促炎因子有关。此外，葡萄籽油中还含有一些人体所需的矿物质，如钙、铁、钾、

葡　萄

钴、锌、锰等。其中，钙与人体生长发育有密切联系，铁具有造血功能，锌可增强免疫力。

三、食材功能

（1）抗氧化作用

葡萄籽油能够清除多种自由基，比如超氧阴离子自由基、羟基自由基等。葡萄籽油表现的高抗氧化能力与其含有的没食子酸、儿茶素、表儿茶素、原花青素有密切关系，可能是这些酚类化合物协同作用的结果。

（2）延缓衰老

葡萄籽油能够通过上调内源性抗氧化酶的活性而抑制脂质过氧化物的生成，进而达到延缓衰老的作用。

（3）改善糖尿病症状的作用

糖尿病的特点是由相对或绝对胰岛素缺乏引起的高血糖。葡萄籽油中含有的不饱和脂肪酸显著降低了胰腺β细胞的凋亡并保护了高葡萄糖胰岛素分泌受损。故葡萄籽油可作为一个有效补充或替代疗法来改善糖尿病症状。

四、烹饪与加工

制作沙拉

在香蕉、番茄、黄瓜、坚果仁和生菜中加入葡萄籽油和果醋，混匀后，即可制得风味独特且营养健康的水果沙拉。

制作凉拌菜

在拌凉菜时，加入适量葡萄籽油可改善滋味，亦可增加菜品的色泽。如在海带、黄瓜、菠菜、豆干、豆皮等凉拌菜中加入少许葡萄籽油，可达到增香增色的作用。

五、食用注意

（1）氧气对葡萄籽油氧化具有促进作用。若长期存放葡萄籽油，应密封保存。

（2）孕妇、备孕中或处于哺乳期的女性应谨慎食用。

（3）葡萄籽油在烹调时不能反复使用。反复使用的油脂容易产生过氧化物，致使肝脏及皮肤发生病变。

延伸阅读

史话葡萄

中国最早关于“葡萄”的文字记载是《诗经》，但里面说的是野葡萄，“六月食郁及薁”，“薁”就是野葡萄。这反映出先秦时代的人们已经知道采集并食用各种野葡萄了。但是，今天我们习惯上说的葡萄，指的却是欧洲葡萄，是汉武帝时期来到中国的。

春秋战国时期，欧洲的葡萄已经到达西域。因为匈奴等游牧民族的阻隔，它迟迟没有到达中原，仅在大宛国逗留。大宛是古代中亚国家，和汉朝之间隔着一个匈奴。

汉武帝时期，国力强盛，经济发达。但此时北方的匈奴却不太老实，于是汉武帝派遣张骞出使西域。不料，张骞一行却被匈奴扣留了起来，这一留就是十年。这十年，张骞虽不自由，但还是了解到很多当地的风土民情，尤其是丰富的水果品种和粮食作物引起了他的兴趣。其中就有大宛国的葡萄，光溜溜的，鲜亮可爱。张骞尝后，赞不绝口。他历经千辛万苦回国后，把自己途经大宛国、大月氏的情况汇报给汉武帝，受到了高度重视。从此，汉朝和西域的联系更加密切了。

之后，大宛国为表臣服，向大汉天子进贡葡萄和苜蓿等种子。就这样，葡萄终于来到了中原。汉武帝让人在宫殿周围大面积种植葡萄，还让专人酿造葡萄酒。不过此时的葡萄和葡萄酒仅是达官贵人的奢侈品，到唐朝以后葡萄才慢慢走进寻常百姓之家。

杏仁油

江南星渚山水奇，马家桂子昌于医。
此心契天雄杰者，满轩种杏仁间驰。
身虽如蝉蜕浊世，活人远志传孙枝。
偶同瓜葛花屏下，梅兄樊弟相追随。

——《代陈均辅赠马则贤》
（节选）（南宋）黄枢

一、物种本源

拉丁文名称，种属名

杏仁油是从蔷薇科杏属落叶乔木杏（*Armeniaca vulgaris* Lam.）的干燥成熟种子杏仁中榨取的优质植物油。

形态特征

精炼后的杏仁油呈淡黄色透明液体，无异味，属于高级食用油脂。

习性，生长环境

中国各地均有杏树，多数为栽培，尤以华北、西北和华东地区种植较多。世界各地也均有栽培。杏树生存能力极强，喜光、可抗寒、抗旱、抗风、耐瘠薄，可在海拔700~2000米的丘陵、草原生长。

杏　仁

二、营养及成分

杏仁油主要活性成分是油酸、亚油酸、亚麻酸等高级脂肪酸。其中，不饱和脂肪酸中的油酸和亚油酸约占脂肪酸总量的90%。油酸和亚油酸不仅有益于心脑血管、促进智力发育，还有美发护肤的功效，尤其适合干燥、敏感、发炎且无光泽的肌肤。此外，杏仁油中还含有较多的甾醇、角鲨烯、人体必需氨基酸和多种维生素，其中，每100克杏仁油含胡萝卜素约为79毫克，远高于其他食用油。胡萝卜素是构成视觉细胞内感光物质的成分，所以能够提高视力，尤其是暗视力水平。此外，胡萝卜素在提高机体免疫力方面的作用也非常明显，对许多免疫物质的生成有重要的促进作用。

杏

三、食材功能

（1）抗氧化作用

杏仁油中多酚物质和维生素E含量较高，可有效清除氧自由基和羟自由基，具有显著的抗氧化作用。

（2）调节血脂作用

杏仁油中的脂肪酸主要是不饱和脂肪酸，不饱和脂肪酸能防止脂肪沉积在血管壁内，可预防动脉粥样硬化、软化血管、改善血液微循环、降低血液中胆固醇和甘油三酯水平。杏仁油能提升肝脏总脂解酶、肝脂酶等的活力，使肝脏内脂肪含量下降。

（3）其他作用

杏仁油中丰富的胡萝卜素，可减轻人体受辐射和紫外线照射带来的损害，还可延缓细胞和机体的衰老，缓解疲劳。此外，杏仁油中还含有丰富的矿物质如钙、铁、锌、硒等。锌和硒不仅与大脑发育和智力有关，还能促进淋巴细胞增殖，对抵御细菌、病毒的侵入和促进伤口愈合有明显的功效。杏仁油中含有的维生素E还具有保护细胞膜、延长血液循环系统中血红细胞寿命的作用，进而可延长人的寿命。

四、烹饪与加工

制作凉拌菜

在凉拌菜中加入杏仁油，可达到增香增色的作用。如凉拌海蜇皮，具体做法如下：先将海蜇皮用清水浸泡，洗净，黄瓜切丝，海蜇皮切丝。将切好的海蜇丝放入锅中焯水捞出，再将黄瓜丝、海蜇丝放入碗中，加入蒜蓉、醋、生抽、杏仁油和芝麻拌匀，即可食用。

炒菜

用杏仁油来炒菜，可达到增色保香的效果。如杏仁油炒鸡蛋，具体做法如下：先将鸡蛋打散，用筷子拌匀，备用。向锅内倒入杏仁油、葱花和姜丝，待油热后倒入搅拌好的鸡蛋液翻炒，再加入适量盐、味精等调料，翻炒后即可出锅。

五、食用注意

（1）孕妇慎用杏仁油。

（2）杏仁油存放过久会有异味，故不适宜存放过久食用。

传说故事

天赐杏仁

相传在南方的群山深处，有一位神灵居住在洞穴之中。据附近的村民们说，这位神灵能用手中的神钟将眼前的一切变成可口的美食。每当夜幕降临，神钟响起，人们都不敢靠近，害怕生命终结在贪吃神灵的晚宴钟声之中。

有一年冬天，格外严寒，格外漫长，村民们的食物都消耗殆尽。一位村妇决定鼓起勇气以身犯险，希望可以得到神灵眷顾，赠予她一些食物。她一路跟随钟声来到洞穴入口，用颤抖的声音呼唤着神灵。

不一会，月光下出现了一只毛茸茸的熊脑袋，神灵原来是熊神。村妇请求神灵不要吃掉自己。熊神说自己从没想过要吃她，自己只吃由洞里石块变成的可口杏仁。村妇便向熊神讲述了村民们对它的恐惧，以及大家正在遭受的饥饿折磨，请求神灵分享一些食物给他们。

熊神想都没想，就将神钟借给她，让她拿回去将石头变成杏仁，分发给村民们吃。村妇又惊又喜，对熊神表示了深深的谢意，并承诺在冬季过后就将神钟归还。就这样，村妇将所有村民从饥饿中拯救了出来。

从此以后，每到冬天的夜晚，村民们都会用杏仁面团做成钟的形状，用来装点烛光下的盛宴。还要放一些在山脚树边，供往来的人们享用，供觅食的动物过冬，以此来表达自己的感恩之心。

木瓜籽油

早起见日出，暮见栖鸟还。
客心自酸楚，况对木瓜山。

——《望木瓜山》
（唐）李白

一、物种本源

拉丁文名称，种属名

木瓜籽油是从蔷薇科木瓜属植物木瓜［*Chaenomeles sinensis*（Thouin）Koehne］的干燥种子中榨取的食用油，又称木瓜油。

形态特征

木瓜籽油精制后，油脂澄清透明，呈淡黄色，伴有木瓜清香。

习性，生长环境

木瓜喜温暖环境，不耐阴冷，大多在避风向阳处种植，喜半干半温，对土质要求不严，以沙质土壤为佳。主产地在山东、河南、江西、安徽、江苏等省。

二、营养及成分

木瓜籽油的主要营养成分是油酸、亚油酸、硬脂酸、棕榈酸等多种脂肪酸，其中不饱和脂肪酸油酸含量在65%以上。油酸素有“安全脂肪酸”的美称，作为主要的单不饱和脂肪酸，易被人体消化吸收，在日常饮食中适当增加单不饱和脂肪酸的摄入量可有效降低血液胆固醇水平，预防和治疗心脑血管疾病。此外，氨基酸、维生素、酚类、黄酮及人

木瓜籽

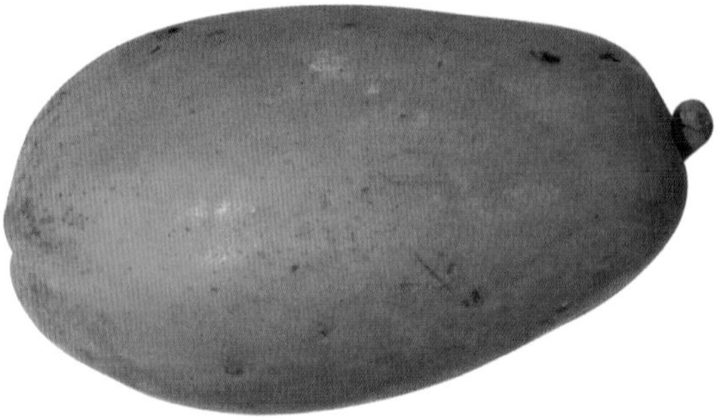

木 瓜

体生长所必需的矿物质，如钾、钙、铁、锌、磷等在木瓜籽油中也占有一定比重。其中，多酚含量高达957.6毫克/千克，生育酚为70.7毫克/千克，黄酮类物质为15.3毫克/千克。

三、食材功能

木瓜籽油中含有的矿物质能提高人体免疫力，促进细胞、骨骼的生长。

（1）降血脂作用

木瓜籽油中的油酸和亚油酸，作为人体必需脂肪酸，可降低血浆低密度脂蛋白水平，从而有效预防动脉硬化等的发生。此外，木瓜籽油中含的甾醇类成分，还能改善血清胆固醇、甘油三酯、血清脂蛋白等的异常，有效抑制动脉壁的脂质沉积。

（2）抗氧化作用

木瓜籽油中含有丰富的多酚、黄酮、维生素C等营养成分，因此抗氧化作用显著，多食可达到调气血、美容养颜的功效。木瓜籽油中含有的超氧化物歧化酶是一种生命体内抗氧化的活性物质，它能消除生物体在新陈代谢过程中产生的有害物质，是生物体内清除自由基的首要物质。

四、烹饪与加工

煮粥

木瓜籽油可制作营养瘦肉粥，具体做法如下：先将里脊肉洗净，切成长条，拌入酱油、生粉和木瓜籽油腌制入味，再将小米、骨头汤和水放入锅中，熬至浓稠后，加入切好的里脊肉、皮蛋和盐、鸡精等调料。继续用小火慢煮，等肉熟透后，再撒入香葱即可。

拌面

木瓜籽油可用来制作凉拌面，具体做法如下：烧水将面条煮熟后，过凉水并沥干，加入木瓜籽油、辣椒油、芝麻油和适量盐、醋等调料，拌匀后，撒入切好的葱花，即可。

五、食用注意

（1）孕妇和过敏体质人群慎用木瓜籽油。

（2）木瓜籽油应低温储藏，且避免反复使用。

（3）木瓜籽油必须在精炼后方可食用，未经精炼的木瓜籽油含有较高的杂质，不仅影响油脂的色泽和质量，还对人体神经系统和心血管系统有一定的毒害作用。

传说故事

投木报琼

《诗经》里有一首很有名的诗作叫《木瓜》，汉代的毛亨、郑玄等人将《木瓜》诗的主旨解读为“美齐桓公”，这说的是春秋时期一个关于报恩的故事。

据《左传》记载，闵公二年，卫国为狄人攻败。卫国的贵族和民众东渡黄河，逃至曹地暂住，流离失所，哀鸿遍野。当时的霸主齐桓公见状，便给公子无亏战车三百乘、甲士三千人，让他去曹地保护卫国民众。并且赠送卫国公车马、祭服和牛羊豕狗，赠送卫国夫人鱼轩、重锦。为了帮助卫国重建家园，齐桓公又封卫于楚丘，使卫国民众完全摆脱了狄人威胁，达到了“卫国忘亡”的效果。

卫国人十分感激，欲厚报之而不能，于是作歌曰：“投我以木瓜，报之以琼琚。匪报也，永以为好也！”从此，齐卫两国永结盟好，齐桓公之美名流传开来。从此，“投木报琼”蕴含了中华民族的传统美德——知恩图报。

樱桃仁油

樱桃一雨半雕零，更与黄鹂翠羽争。
计会小风留紫脆，殷勤落日弄红明。
摘来珠颗光如湿，走下金盘不待倾。
天上荐新旧分赐，儿童犹解忆寅清。

——《樱桃》（南宋）杨万里

一、物种本源

拉丁文名称，种属名

樱桃仁油是用蔷薇科樱属落叶小乔木樱桃［*Cerasus pseudocerasus*（Lindl.）G. Don］的果仁萃取的油脂。

形态特征

樱桃仁油呈淡黄色，澄清透明，无明显异味。

习性，生长环境

樱桃喜温喜光，怕涝怕旱，抗寒能力弱，土壤适应性强，以沙质土为佳。目前我国的华北、华中及两广等地区都有樱桃栽培，尤其浙江、山东、安徽、河南、江苏、四川、陕西、河北等省最多。

樱桃树

二、营养及成分

樱桃仁油中含有β-谷甾醇、α-生育酚、花青素等多种活性成分。研究发现，樱桃仁油中的不饱和脂肪酸含量占其总脂肪酸的88.2%，主要由油酸和亚油酸组成；饱和脂肪酸含量占总脂肪酸含量的8.9%，主要以棕榈酸和硬脂酸为主。另外，樱桃仁油还含有钙、铁、镁、铜、锌等多种人体必需的微量元素。

三、食材功能

（1）抗氧化功能

樱桃仁油中含量最高的是油酸和亚油酸。油酸可减少体内低密度脂蛋白胆固醇，增加高密度脂蛋白胆固醇，可预防心脏病，维持脑细胞膜结构，减缓记忆力衰退。亚油酸作为人体必需的多不饱和脂肪酸，可酯化胆固醇，降低血液中的三酰甘油和胆固醇水平，可预防高胆固醇血症和高血脂，防止动脉硬化。有研究表明，樱桃仁油的脂溶性抗氧化提取物有较强的DPPH自由基清除能力，其脂溶性抗氧化提取物主要由γ-谷甾醇、角鲨烯、γ-生育酚、愈创醇、古巴烯、视黄酸甲酯组成。

（2）美容护肤

樱桃仁油富含油酸、维生素A，以及α、γ和δ-生育酚等天然抗氧化剂，还含有多不饱和脂肪酸桐油酸。其是一种共轭亚麻酸，可以阻止紫外线的吸收，在皮肤或发质表面形成一个屏障，保护头发和皮肤免受晒伤和老化。因此，樱桃仁油具有多种美容功效，可以改善皮肤弹性，促进皮肤细胞再生；减少皱纹、细纹；为皮肤补水保湿；改善肤色，平衡皮肤酸碱；保护和治疗晒伤的皮肤；辅助治疗湿疹、牛皮癣和皮炎。

四、烹饪与加工

冬菇樱桃

（1）材料：冬菇、樱桃、豌豆苗、樱桃仁油、姜汁、料酒、酱油、糖、盐、淀粉、味精。

樱　桃

（2）做法：水发冬菇、鲜樱桃洗净；豌豆苗洗净，切段；炒锅烧热，放油烧至五成热时，放入冬菇煸炒，加入姜汁、料酒，再加入酱油、糖、盐、鲜汤烧沸后，改为小火煨烧片刻，再加入豌豆苗、味精，入味后用湿淀粉勾芡，然后放入樱桃，淋上樱桃仁油，出锅装盘，即成。

外用

在洗发水或护发素中加入樱桃仁油，可以使头发更有光泽；用樱桃仁油按摩脸部，可养颜护肤；添加樱桃仁油到润肤乳、润唇膏、身体霜和按摩油中，可润肤补水。

五、食用注意

（1）樱桃仁油性温热，故虚热咳嗽及患有热性病患者勿食。

（2）樱桃仁油含氰甙，水解后会产生有毒的氢氰酸，故应慎用。

（3）樱桃仁油外用时，不能用于眼睛和其他敏感部位，可能会有过敏反应，应避免过量使用。

传说故事

樱桃落尽春归去

开宝七年（974年）的秋天，赵匡胤派使者请李煜去开封。李煜清楚去了就回不来了，于是称病未去。没多久，赵匡胤的军队渡过长江，将金陵团团包围。

前线将士拼死抵抗的时候，李煜在宫中陷入沉思，他恍恍惚惚：自己怎么就到了这一步，要做个亡国之君？国破家亡，兵临城下，眼里是怎样凄惨的景象？心中又是怎样悲伤的情感？百感交集，如烈火一团，在心中燃烧！李煜无能为力，他只能填一首《临江仙》："樱桃落尽春归去，蝶翻金粉双飞。子规啼月小楼西，玉钩罗幕，惆怅暮烟垂。别巷寂寥人散后，望残烟草低迷。炉香闲袅凤凰儿，空持罗带，回首恨依依。"

其情其景，怎一个"悲"字了得？从美丽又美味的"樱桃"写起，不写其美其味，只写其凋零落尽。作为一个词人，毋庸置疑，李煜是成功的。神来之笔，妙手天成，无出其右。作为一个君王，毫无疑问，李煜是失败的，是个不幸的君王。南唐的基业断送在他的手中，一张坍塌变形的龙椅何堪再受重压？亡国不是他所愿，可是亡国是他永远的罪名。这首词还没有填完，宋军就攻陷了金陵，最后的三句也是后来补上的。

这是一首泣血的绝唱！开头"樱桃"一句，用典《礼记·月令》"仲夏之月，天子以含桃（樱桃）先荐寝庙。"李煜此时，城被围，宗庙难保，樱桃难献，又随"春归去"而"落尽"，可见伤逝之感良深。这笔下的"樱桃"，可谓是情悲至极！

石榴籽油

可惜庭中树，移根逐汉臣。
只为来时晚，花开不及春。

——《侍宴咏石榴》
（唐）孔绍安

一、物种本源

拉丁文名称，种属名

石榴籽油是从石榴科石榴属植物石榴（*Punica granatum* L.）的干燥成熟种子石榴籽中榨取的优质食用油。

石榴籽

形态特征

精炼后的石榴籽油澄清透明，颜色偏淡，有石榴芳香，在烹饪中有提鲜增色的效果。

习性，生长环境

石榴又称安石榴、丹若、涂林、天浆等，在我国已有2000多年的种植历史。据史料记载，石榴是张骞出使西域时引入的。目前，主要在我国安徽、江苏、河南等省种植。石榴喜好温暖向阳的生长环境，生存能力强，对土壤要求不严。耐旱、耐寒，也耐瘠薄，不耐涝和荫蔽。

二、营养及成分

石榴籽油含有多种不饱和脂肪酸、磷脂、维生素和矿物质等活性成分，具有抗氧化、调节机体免疫力、美容、减肥和提高骨密度等作用。石榴籽油的不饱和脂肪酸主要为石榴酸、油酸和亚油酸。其中，石榴酸是其中最主要的不饱和脂肪酸，占脂肪酸含量的60%以上。石榴籽油中的不皂化组分含量为3.1%~4.2%，主要是鲨烯、脂肪族醇、维生素E、植物甾醇和三萜烯。其中鲨烯高达800毫克/千克，脂肪族醇含量为118~185毫克/千克。

三、食材功能

石榴籽油中含有大量的植物雌激素，对维持女性生理健康有较积极的作用。

（1）抗糖尿病作用

石榴籽油可增加血清中的胰岛素水平，改善高脂饮食引起的肥胖和提高胰岛素受体的敏感性。石榴籽油能改变体脂蓄积、瘦素、脂联素以及胰岛素水平，具有显著的抗糖尿病作用。

（2）抗炎作用

炎症性肠病、类风湿关节炎、代谢综合征和缺血再灌注损伤的炎性疾病被认为是危害人类健康的主要问题。石榴籽油可用于预防和治疗多种炎症及并发症的。

（3）抗氧化作用

石榴酸是石榴籽油中含量最多的脂肪酸，也是其特有的功能成分。其可通过抑制相关氧化酶的活性使机体免受氧化损伤，具有延缓衰老、降血脂、预防动脉粥样硬化等作用。

（4）降血脂作用

经常食用石榴籽油，总胆固醇、甘油三酯、低密度脂蛋白胆固醇均有显著降低，同时高密度脂蛋白胆固醇有显著升高，表明石榴籽油可显著抑制血脂的增高。另外，石榴籽油可以通过抑制过氧化脂质的形成，减轻血管内皮细胞的损伤，调节肝脏的脂质代谢，对高脂血症和动脉硬化的形成和发展具有预防作用。

石　榴

四、烹饪与加工

煮粥

在煮粥时加入适量石榴籽油，可以使味道更加鲜美且带有淡淡的石榴清香。如用石榴籽油制作香菇猪肝粥，具体做法如下：先将香菇洗净，浸泡后切成小片，大米用清水洗净后按照大米和水1：10的比例浸泡片刻。再将猪肝用清水洗净，浸泡去掉血水并切片，拌入酱油、料酒、盐、生抽、玉米淀粉和石榴籽油腌制入味。接着，将浸泡好的香菇、大米和水放入锅中，用大火烧开再转至中火煮，等煮成浓稠的香菇粥后，再向锅中加入猪肝片，等猪肝片煮熟变色，关火，再撒上香葱和胡椒粉，即可食用。

制作凉拌菜

石榴籽油可以直接用于制作凉拌菜。如在拌凉黄瓜时，放入石榴籽油调味。或将挂面煮熟沥干，再放入石榴籽油和芝麻油、盐、醋，最后再撒上少许葱花，即可食用。

五、食用注意

（1）存放过久的石榴籽油会产生异味，不适宜作烹饪用油。

（2）石榴籽油需要精炼后才可食用。粗制的石榴籽油不仅会影响油脂的色泽和质量，还会对人体产生危害。

石榴姑娘

从前，有一个王国，这里的人皮肤黝黑。

有一次，王子和王后在用餐。餐桌上白白的面包搭配鲜红的果酱，颜色特别美。于是，王子说：“我要娶一个皮肤嫩白，脸色红润的姑娘。”

王后说：“咱们这里哪有这样的姑娘啊！”

王子决定去别处找一找。路上，王子碰到了一个长胡子老爷爷，老爷爷问王子要到哪里去，王子看那位老爷爷仙风道骨，就说了事情的来龙去脉。老爷爷给了王子三个石榴，说要等到有清泉的地方才能打开。

路上，王子忍不住打开了第一个石榴，一个皮肤嫩白脸色红润的姑娘从石榴里走了出来。姑娘刚出来就要喝水，王子连忙去打水。可是等水打回来的时候，姑娘已经枯萎了。王子在快要到清泉的地方，又忍不住打开了第二个石榴。里面也走出来一位姑娘，跟第一个姑娘一样美丽，那个姑娘也是要水喝。王子打回来了水，可一不小心却又洒了。王子又一次打回来了水，可姑娘已经枯萎了。

最后一次，王子耐住性子，来到了泉水边才打开了第三个石榴。里面走出一位比之前更美丽的姑娘。王子连忙打了水给姑娘喝，姑娘喝了好多水。

后来，王子带着皮肤白嫩、脸色红润的姑娘回到自己的国家，举行了盛大的婚礼。

黄秋葵籽油

人人尽道黄葵淡，依家解说黄葵艳。可喜万般宜，不劳朱粉施。摘承金盏酒，劝我千长寿。擎作女真冠，试伊娇面看。

——《菩萨蛮·人人尽道黄葵淡》（北宋）晏殊

一、物种本源

拉丁文名称，种属名

黄秋葵籽油是从锦葵科秋葵属一年生草本植物黄秋葵［*Abelmoschus esculentus*（L.）Moench］的干燥种子中榨取的植物油脂。

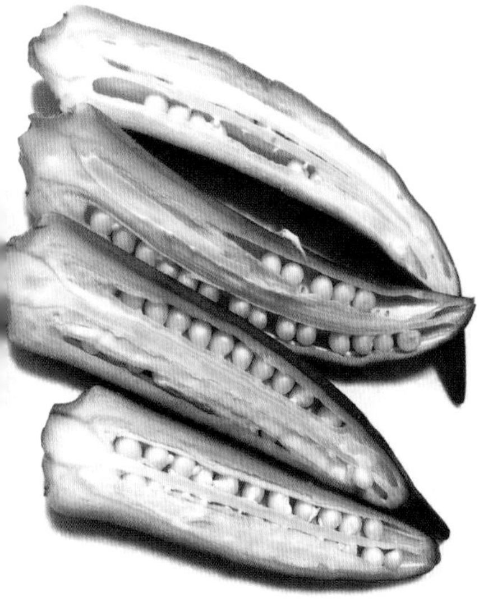

黄秋葵籽

形态特征

黄秋葵籽油多采用物理工艺冷压榨或低温萃取，色泽纯正，呈金黄色，香味浓郁，食之有种清凉感觉，是一种优质植物油脂。

习性，生长环境

黄秋葵原产印度，广泛栽培于热带和亚热带地区。在我国种植面积广阔，资源丰富，如浙江、湖南、湖北、广东等省均有种植。其喜温暖环境，畏寒，耐旱不耐涝，对土壤适应性较强，但以排水良好的壤土或沙壤土为宜。

二、营养及成分

黄秋葵籽油中含有丰富的脂肪酸，如油酸、亚油酸。其饱和脂肪酸和单不饱和脂肪酸的比例接近1∶1，是一种理想的高档绿色植物油脂。黄秋葵籽油中的主要脂肪酸含量为棕榈酸30.6%、硬脂酸4.2%、油酸23.8%、亚油酸30.8%。此外，黄秋葵籽油中还含有丰富的蛋白质、脂肪、糖类、维生素E和多种矿物质。

黄秋葵

三、食材功能

（1）抗氧化作用

黄秋葵籽油中的不饱和脂肪酸具有显著的抗氧化作用。研究证明，黄秋葵籽油能有效清除自由基，证实了其抗氧化活性。

（2）保护胃黏膜作用

黄秋葵籽油中的不饱和脂肪酸能促进胃肠道消化，有润肠通便、缓解便秘的作用。

（3）其他作用

黄秋葵籽油中含有的维生素E有治疗不孕不育、促进机体细胞新陈代谢、减缓色素沉淀、保持皮肤水分、美容养颜等作用。此外，黄秋葵籽油中还含有丰富的钙、磷、铁、钾、镁等矿物质，对维持水电解质平衡和机体酸碱平衡、维持心脏正常功能、保持心血管健康有着十分重要的作用。

四、烹饪与加工

炒菜

黄秋葵籽油香味醇正，色泽鲜亮，可以直接炒菜。如炒青菜，具体做法如下：在锅中倒入黄秋葵籽油，待油烧至八成热，放入葱花、姜丝和拍碎的蒜头，然后放入青菜翻炒，用大火翻炒后再加入适量盐、鸡精等调料，即可出锅装盘。

制作凉拌菜

黄秋葵籽油营养价值高，香味浓郁且有清凉感，可直接用于拌凉菜。如凉拌毛豆，具体做法如下：先把大蒜切末，香菜切段，备用。毛豆洗净后加入少量盐，用清水浸泡后，沥干水分。再将泡好的毛豆放入锅内，加水，放入花椒、八角、桂皮，大火烧开。再加入盐拌匀，关火，放置自然晾凉，将毛豆浸泡一会，使毛豆更加入味。毛豆晾凉后，盛出，沥干水分，再放入盆中，加入切好的香菜段、辣椒油、盐、蒜末、豆豉、糖和黄秋葵籽油，拌匀，即可食用。

五、食用注意

（1）不宜食用存放过久的黄秋葵籽油，以防止其氧化酸败或被微生物污染而对人体健康造成危害。

（2）未经精炼加工的黄秋葵籽油，含有游离脂肪酸和蜡质，因此必须精炼且经高温处理后才可食用。

延伸阅读

五菜之首

古人有“五菜”的说法，包括“葵、韭、藿、薤、葱”。葵菜是五菜之首，地位相当重要。当葵菜叱咤菜园的时候，大白菜还在跑龙套。

大农学家王祯在《农书》说“葵为百菜之主”，其主要原因在于葵菜的再生能力超强。采摘时，只要不伤它的根，就能很快生出新的茎叶，供继续采摘食用。

古人喜食葵菜，白居易被贬为江州司马，写过一首《烹葵》：“昨卧不夕食，今起乃朝饥。贫厨何所有？炊稻烹秋葵。”葵菜也的确接地气，可以烹，可以炒，还可以做羹汤，葵菜籽还能榨油。如果一时半会吃不了，还可以腌制起来。汉朝的辛追夫人生前一定超级爱吃葵菜，1972年马王堆汉墓一号出土的陪葬品里，除了许多漆器、陶器和竹简外，竟还有一袋葵菜种子！

葵菜“五菜之首”“百菜之主”的荣誉称号，不是自封的，而是靠实力得来的。因为它易种易活、四时常有，且陪伴古人度过了漫长的岁月。直到元朝末年，不知道是什么原因，葵菜渐渐远离了中国人的餐桌。如今葵菜重出江湖，还能不能再现往日的辉煌呢？

南瓜籽油

不是东陵种，篱间别弄辉。
冰纨澄夏簟，黄绢剪秋衣。
承露鹅儿嫩，迎风杏子肥。
依稀明月下，疑自凤池归。

——《金瓜茄》（清）张若霳

一、物种本源

拉丁文名称，种属名

南瓜籽油又称白瓜籽油，为葫芦科南瓜属一年生蔓生草本植物南瓜［*Cucurbita moschata* （Duch. ex Lam.）Duch. ex Poiret］的干燥成熟种子南瓜籽，经溶剂萃取或者冷榨后制得的高级食用油脂。

形态特征

天然冷榨南瓜籽油呈玫瑰红色，营养全面。精炼后的南瓜籽油呈淡黄色，澄清透明，香味浓郁，有强烈坚果香，品质优良，是一种新型可食用植物油脂。

习性，生长环境

南瓜，福建、广东、台湾等地民间又称为金瓜，是喜温的短日照植物，耐旱性强，对土壤要求不严格，以肥沃、中性或微酸性沙壤为佳。南瓜原产美洲，世界各地普遍种植，在中国各地种植广泛，主产于浙江、江西、河北、山东等省。

南瓜籽

二、营养及成分

南瓜籽油中含量最高是脂肪酸类成分，其中不饱和脂肪酸含量为28.4%～80.8%，油酸含量为6.4%～25.1%，亚油酸含量为20.9%～58.1%。除油酸和亚油酸外，南瓜籽油中还含有花生四烯酸、棕榈酸、硬脂酸、十七碳酸、十八碳二烯酸等。此外，南瓜籽油中还有多种维生素、类胡萝卜素及矿物质，如铁、钙、镁、锌、磷等。

三、食材功能

（1）降脂作用

南瓜籽油中的不饱和脂肪酸能有效降低血脂、血浆胆固醇水平，可预防和治疗各类心脑血管疾病。

南　瓜

（2）降血糖作用

南瓜籽油中的不饱和脂肪酸可提高机体胰岛素水平，可降低对人体内血糖和甘油三酯含量，对糖尿病有良好的治疗作用。

（3）抗氧化作用

南瓜籽油中含有丰富的维生素E和β–胡萝卜素，作为常见的抗氧化剂，能有效地清除体内自由基，保护机体免受脂质过氧化的损害。

（4）其他作用

南瓜籽油中含有的矿物质锌，可参与体内核酸、蛋白质等生物大分子的合成，是人体生长发育必不可少的物质。此外，南瓜籽油中含有的植物甾醇可有效预防和治疗前列腺肥大。同时，南瓜籽油中含有的角鲨烯等可明显提高机体的耐受力，改善心脏功能和组织的缺氧状态。

四、烹饪与加工

炒菜

南瓜籽油在凉拌或热炒时使用，可以增加菜品的色泽和口感。如凉拌三丝（胡萝卜丝、黄瓜丝、金针菇），具体做法如下：先将金针菇洗净，焯水，沥干后，切小段，另备好香菜、小米椒、大蒜、辣椒油等。将黄瓜、胡萝卜洗净，切丝后和金针菇一起放入盆中，加入备好的香菜，剁碎的小米椒和大蒜，最后再加入糖、醋、生抽、盐、辣椒油、南瓜籽油和芝麻油，拌匀便可食用。如南瓜籽油炒莴笋，具体做法如下：将莴笋去皮，斜切成2~3厘米的菱形，然后分别切成块状，焯水后，捞出沥干。向油锅内倒入南瓜籽油和稻米油，加入葱姜蒜和红辣椒炸出香味，再倒入莴笋翻炒，再加入适量盐、鸡精，最后再淋上少许芝麻油即可成盘出锅。

制作饮品

根据个人喜好，挑选新鲜的水果和蔬菜制作果蔬饮品。如将苹果、香蕉、百香果、黄瓜、胡萝卜洗净去皮，切成小块，放入榨汁机中榨汁，可加入适量的水稀释。最后在榨好的果蔬汁中加上蜂蜜和南瓜籽油，混匀，即可得到营养又美味的混合果蔬饮品了。

五、食用注意

（1）粗制的南瓜籽油颜色过深、杂质较多，不宜食用，必须精炼至澄清透明的浅黄色才可食用。

（2）南瓜籽油易氧化变质，因此，为延长保存时间，在使用时应将其置于小包装的容器中。

延伸阅读

南瓜别名知多少

《红楼梦》中刘姥姥带回来一种食物，叫倭瓜。其实这就是南瓜，之所以被称作倭瓜，是因为南瓜本是异域之物，而一开始引入中国，多走水路自福建、浙江一带，所以人们误以为南瓜来自日本，便称作倭瓜了。也有人认为是从朝鲜进口的，就叫“高丽瓜”。

其实南瓜这种我们再熟悉不过的食物，在古代却很少被称作南瓜。南瓜的别名真是多得有点离谱，这可是其他瓜都没有的“殊荣”。

南瓜原产南美，大约明代时被广泛引入中国，所以一开始应该叫作“番瓜”。南瓜又因其产量大，易成活，荒年可代替主粮，所以又叫“饭瓜”“米瓜”“麦瓜”。蒸熟后，南瓜色泽金黄，所以又有个响亮的名字，叫“金瓜”。

最终人们都称“南瓜”，还是清朝中期的事情。因为南方诸省广种南瓜，于是人们就“南瓜南瓜”地叫了起来，渐渐淡忘了其他名称。

西瓜籽油

碧蔓凌霜卧软沙，年来处处食西瓜。
形模濩落淡如水，未可蒲萄苜蓿夸。

——《西瓜园》（南宋）范成大

一、物种本源

拉丁文名称，种属名

西瓜籽油是从葫芦科西瓜属一年生蔓性藤本植物西瓜［*Citrullus lanatus*（Thunb.）Matsumu. et Nakai］的种子中榨取的油脂。

形态特征

西瓜籽油呈黄绿色，有轻微的香味，无特别的苦味。

习性，生长环境

西瓜喜温暖、干燥的气候，不耐寒，耐旱不耐湿，喜光照，土壤适应性强，以土质疏松、土层深厚、排水良好的沙质土最佳。西瓜原始品种可能来自非洲，很久以前已广泛种植在世界热带到温带地区，后传入中国。西瓜在中国各地区基本都有种植，品种众多，其中以新疆、甘肃兰州、山东德州、江苏东台等地最出名。

二、营养及成分

西瓜籽油富含亚油酸、蛋白质、维生素E、维生素B_2、黄酮等成分，另外还含有α-半乳糖苷酶、β-半乳糖苷酶、尿素酶和蔗糖。

三、食材功能

（1）调节血脂与血压

西瓜籽油具有健胃通便的作用，若无食欲或便秘时可食用一些西瓜籽油。另外，其含有的不饱和脂肪酸如亚油酸，具有降低血压、预防动脉硬化的作用。

西瓜籽

（2）抗氧化作用

有研究表明，西瓜籽油是一种有效的抗氧化剂，具有一定的还原能力，能显著清除自由基，抑制脂质过氧化，具有良好的应用前景。

（3）美容润肤

西瓜籽油具有轻质、不油腻、渗透力强、吸收快、高度保湿、润肤、富含必需脂肪酸、溶解多余皮脂、油质稳定等特点，是矿物油的理想替代品。西瓜籽油可保温润肤，特别适宜用于个人护理产品尤其是婴儿护理产品。

四、烹饪与加工

西瓜籽油作为一种功能性食用油，目前在国内市场上还不常见，未来在保健食用油方面存在巨大的开发潜力。

五、食用注意

西瓜籽油性寒凉，不宜食用过多。

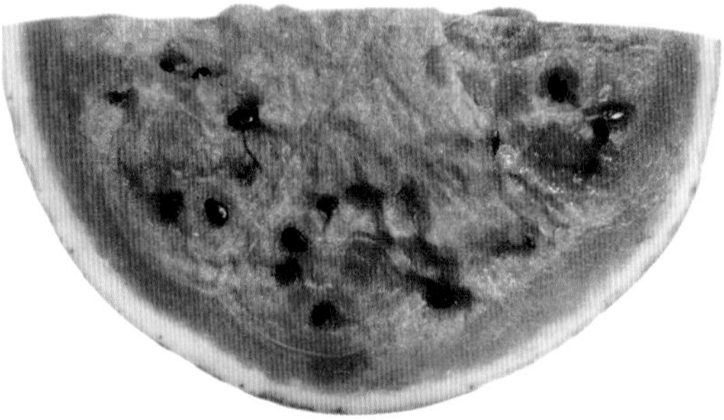
西　瓜

传说故事

猪八戒吃西瓜

唐僧、孙悟空、猪八戒、沙和尚一起到西天取经。有一天，天热极了，他们走得又累又渴，孙悟空说："你们在这儿歇一会儿，我去摘点水果来给大家解解渴。"

猪八戒连忙说："我也去，我也去！"他想跟着孙悟空去，可以早点吃到水果，还能多吃几个。

猪八戒跟着孙悟空，走呀走呀，走了许多路，连个小酸梨也没找着。他心里不高兴了，就哎哟哎哟地叫了起来。

"你怎么了，八戒？"

"我肚子疼，走不动了。你摘了水果，可别一个人吃了。"孙悟空知道猪八戒偷懒，就没理他，一个跟头去南海摘水果了。

再说猪八戒，找个树荫正想睡一觉，忽然看见山脚下有一个绿油油的东西，走过去一看，哈哈，原来是个大西瓜！

他高兴极了，把西瓜一切四块，自言自语地说："第一块请师父吃，第二块请师兄吃，第三块请沙师弟吃，第四块，嗯，这是我的。"他张开大嘴巴，几口就把这块西瓜吃了。

"西瓜一块不够吃，我把师兄的一块吃了吧。"他又吃了一块。

"西瓜真解渴，再吃一块不算多，我把沙师弟的一块也吃了吧。"他又吃了一块，这下只留下唐僧的一块了。他捧起来，又放下去，放下去，又捧起来，最后还是没憋住，把这块西瓜也吃了。

"八戒，八戒！"猪八戒一听是孙悟空，慌了：大西瓜自己一个人吃了，要是让孙悟空知道，告诉了师父，就糟了。

他连忙拾起四块西瓜皮，把它们扔得远远的，这才回答说："我，我在这儿呢！"

孙悟空说："我摘了些果子，咱们回去一起吃吧。"

猪八戒说："好的，好的。"八戒刚走了几步，就摔了跤，脸都跌肿了，低头一看，原来是踩了自己刚才扔的西瓜皮。刚爬起来，又踩到了西瓜皮，一连摔了四跤。原来八戒吃西瓜的时候，孙悟空在云彩里都看见了，就在西瓜皮上施了法术，来惩罚贪吃的八戒。

唐僧、沙和尚看见八戒脸上青一块、紫一块，肿了一大半，更加胖了。就问他是怎么回事，八戒结结巴巴地说："我不该一个人吃了一个大西瓜，这一路上摔了四跤，都怪这西瓜太好吃了！"说着大家都笑了起来。

棕榈油

裘庄六十六岁裘老头，养了六十六头大黄牛。
刘庄六十六岁刘老头，养了六十六只遛马猴。
六十六头牛驮六十六坛椰子酒，
六十六只猴搬六十六篓棕榈油。
牛角刺破坛中椰子酒，马猴摔漏篓内棕榈油。
洒了六十六坛椰子酒，漏了六十六篓棕榈油。

——《牛、猴与酒、油》绕口令

一、物种本源

拉丁文名称，种属名

棕榈油是从棕榈科油棕属乔木油棕（*Elaeis guineensis* Jacq.）果实的新鲜果肉中榨取的脂肪油。棕榈核榨取的油叫棕榈核油，棕榈仁压榨而成的油称为棕榈仁油。

形态特征

棕榈油呈深橙红色，通过氧化可将油脱色至浅黄色。在阳光和空气作用下，棕榈油也会逐渐脱色。棕榈油略带甜味，具有令人愉快的紫罗兰香味，常温下呈半固态。

习性，生长环境

油棕树喜光嗜钾，生长要求适温较高。不抗风、不耐旱、不耐寒。干旱、低温15℃以下停止生长。宜在雨量充沛、光照充足的热带地区栽种。

油棕榈果

油　棕

二、营养及成分

棕榈油富含多种营养成分。棕榈油含均衡的饱和与不饱和脂肪酸，其比例为50%的饱和脂肪酸，40%的单不饱和脂肪酸，10%的多不饱和脂肪酸。棕榈油为 “饱和油脂”，脂肪酸主要包括棕榈酸、 油酸、亚油酸、肉豆蔻酸等，其中棕榈酸和油酸的含量最高，分别为41.3%~46.3%和 36.7%~40.8%。另外，棕榈油中含有 9%~12%的亚油酸，作为人体必需脂肪酸，具有降低胆固醇、预防动脉粥样硬化等功效。此外，棕榈油含有维生素E、类胡萝卜素、多酚、 甾醇、角鲨烯等多种营养成分，具有抗氧化、延缓衰老、提高人体免疫力、抑制生物系统氧化、预防心脑血管疾病等多种作用。

三、食材功能

《中华人民共和国药典》记载棕榈油具有活血、降压、调血脂的作用。

（1）降血脂

棕榈油中有大量的不饱和脂肪酸，它能加快人体内脂肪酸的代谢，而且能防止胆固醇在体内沉积。经常食用，能降低体内胆固醇水平，降血脂，预防动脉硬化。

（2）抗氧化

棕榈油能增强人体的抗氧化能力，它有多种天然抗氧化成分，特别是维生素E和黄酮类化合物的含量比较高。这些物质，既能清理人体内的自由基，又能减少人体内氧化反应发生，可以防止自由基对人体组织细胞产生伤害，维持人体健康，延缓人体衰老。

四、烹饪与加工

糖醋小排

（1）材料：猪肋排、料酒、生抽、醋、糖、蛋清、棕榈油、盐、淀粉、白芝麻。

（2）做法：将猪肋排剁成3厘米长的块状，备用。排骨加入盐和料酒拌匀，腌制半小时后加入蛋清，加入淀粉、少许水，抓匀，让小排裹上薄薄的一层浆。在锅中倒入适量的棕榈油，最好能没过排骨。加油烧至七成热，放入猪肋排，煎炸至金黄色，捞出，沥干备用。将油盛起，锅中放水，放入糖。用小火慢慢加热，使糖融为糖水，慢慢熬制，至糖水变成淡咖啡色液体，用小火慢慢加热，收掉多余水分。放入炸好的排骨，用中火加热，不断翻炒，使焦糖均匀地裹在排骨上，放入少许生抽，翻炒几下。再放入醋，翻炒均匀即可，最后撒上白芝麻，装盘即可。

棕榈油清炒莜麦菜

（1）材料：莜麦菜、青红椒、葱、姜、香菜、海鲜酱油、生抽、棕榈油、盐。

（2）做法：莜麦菜择洗干净，切成5厘米长的段。葱、姜、红椒、青椒分别切丝，备用。锅中放棕榈油，爆香姜葱丝，放入莜麦菜煸炒。烹入海鲜酱油、生抽、盐调味，然后放入红椒丝、青椒丝略炒，撒上香菜即可。

五、食用注意

（1）小孩、老人不宜食用过量棕榈油。

（2）长期食用，会导致中风、偏瘫、骨质疏松、脑血管疾病、心肌梗死、抵抗力下降。

拐杖变成了油棕树

相传，南极仙翁在赴蟠桃会的路上遇到了孙悟空。孙悟空见南极仙翁憨态可掬，就想开个玩笑。

调皮的猴子轻手轻脚地来到南极仙翁的背后，一下子抽走仙翁的拐杖和油葫芦。然后跳到仙翁面前道：“你这个肉乎乎的老头儿，还是这么洒脱！寸草不生的肉脑袋，连帽子也不戴一顶！拄着根拐杖像讨饭的一样，还带着个油葫芦罐，王母娘娘的蟠桃大会上难道要煎桃子吃？要这些有什么用？扔掉！扔掉！”说着，把拐杖和葫芦一齐扔向凡间。

南极仙翁慌忙用手去逮，奈何年事已高，动作哪有孙悟空敏捷。结果自然是没逮着，眼看着自己的宝贝飞向凡间，南极仙翁一气之下，一把将孙悟空头上的帽子扯下来，也扔了下去。说来也巧，帽子落下去恰好挂在拐杖上。

参加完蟠桃会，南极仙翁就驾云来到人间准备取拐杖。可是天上一天，人间百年，拐杖早已生根，还长出了新芽，怎么拔也拔不动。南极仙翁只好摘下油葫芦，又一不小心给打翻了，油全部撒在孙悟空的帽子上。这时候孙悟空也来找帽子，见帽子上全是油，不能戴也就不要了。于是，拐杖变成了油棕树，帽子就变成了油棕果。

椰子油

落蒂累累入海航，枯皮犹吐绿芽长。
金丝发裹乌龙脑，白兔脂凝碧玉浆。
未许分瓢饮醽醁，且堪切肉配槟榔。
当时曾挂将军首，此说荒唐未可量。

——《椰子》（宋）赵升之

一、物种本源

拉丁文名称，种属名

椰子油是从棕榈科椰子属植物椰子（*Cocos nucifera* L.）成熟果实的果肉中榨取的食用油脂，又称椰油。

形态特征

椰子油液态状态下呈无色到暗淡的黄褐色，低温下（<22℃）为白色雪状固体，具有轻微的椰子香味。

习性，生长环境

椰子为热带喜光作物，在高温、多雨、阳光充足和海风吹拂的条件下发育良好。适宜在低海拔地区生长，土壤以海洋和河岸冲积土为最佳。多在热带地区的岛上或大陆沿岸生长，我国海南省、云南省和台湾地区的南部是主要产区。

椰子肉

二、营养及成分

椰子油中80%以上为饱和脂肪酸，仅15.4%左右为不饱和脂肪酸。其中55.8%脂肪酸是饱和中链脂肪酸（MCFA），44.2%为长链脂肪酸（LCFA）。脂肪酸中月桂酸占比较高，约占50%，此外还有棕榈酸、己酸、辛酸、癸酸、硬脂酸、肉豆蔻酸等饱和脂肪酸及少量油酸等不饱和脂肪酸。

椰　子

三、食材功能

（1）抑菌

椰子油中所包含的月桂酸、癸酸、辛酸、己酸等中短链脂肪酸均具有杀菌作用。研究发现，椰子油对念珠菌属的多个细菌均有抑制作用。事实上，椰子油不仅在体外具有一定抑制微生物的能力，而且被机体吸收分解后形成单甘油脂肪酸和游离脂肪酸时，抗菌能力更强。

（2）抗氧化

椰子油被称为“自由基的克星”，它可以清除体内的多种自由基。其所含的多酚类物质及维生素E等具有较强的铁还原能力和抗氧化作用。同时还含有咖啡酸、对香豆酸、阿魏酸和儿茶素等，具有较强的抗氧化性。

（3）调节血脂

由于椰子油的组成成分大部分为中链脂肪酸，人体对于中链脂肪酸的分解能力相比于长链脂肪分子更强，也更容易吸收，使得体内的该种脂质不易蓄积，从而达到调节血脂的作用。

（4）解毒

磷化铝是一种广谱性熏蒸杀虫剂，有时会引起人中毒。目前还没特效解毒药。研究表明，磷化铝中毒后及时摄入一定量的椰子油可以令中毒症状缓解。

（5）抗病毒

研究表明，椰子油对HIV病毒有一定的疗效，这可能是因为椰子油中含有的单月桂酸甘油酯的作用。此外，椰子油消化后形成的甘油酸酯可以杀灭单核细胞增生李斯特菌、幽门螺杆菌、兰伯贾第虫、麻疹病毒和单纯疱疹病毒。

（6）调节胰腺

高饱和脂肪酸饮食会损害胰岛素敏感性和脂类代谢，而含椰子油的饮食会提高胰岛素敏感性和葡萄糖耐受性，这直接证实了椰子油能改善胰岛素抵抗、调节胰腺的推测。另有报道指出，其在肌肉、肝脏和脂肪组织中也发挥相同的作用。

（7）预防骨质疏松症

氧化应激和自由基被认为是导致骨质疏松症的主要原因，天然椰子油可维持骨结构的健康和预防骨质流失，这可能与其含有丰富抗氧化成分有关。

四、烹饪与加工

烹饪食物

椰子油煎鸡蛋、煎鸡肉、煎鱼肉，不仅香气扑鼻而且还会降低人对热量的摄入。煮汤或制作沙拉时，加入椰子油，更加养胃。

美容护发

椰子油具有较强的清洁功能，可用于卸妆和皮肤的清洁。也可直接外敷，能够抵御紫外线。另椰子油也可以用于护发，每日取适量椰子油涂抹头发，可使头发更加乌黑光滑，还可有效控制头皮屑的产生。

保护牙齿

椰子油含有的月桂酸是天然抗生素，具有杀菌的作用。每日早晨刷牙后含一口椰子油，可以起到杀死口腔细菌进而达到保护牙齿的作用。

五、食用注意

（1）椰子油中含有一些非特异性蛋白，在食用后会出现明显过敏反应，如流鼻涕、嘴巴发痒、皮肤丘疹和皮肤痛痒等，严重时还会导致过敏性休克，故食用时应注意。

（2）椰子油缺乏水溶性维生素，电解质也不平衡。食用后，体内出现结石和高尿酸症的概率会明显增高，而尿酸如不能及时代谢会诱发痛风，故尿酸过高者应慎食。

（3）椰子油富含饱和脂肪酸，过多食用会增加患心脑血管疾病的风险，故不宜食用过多。

传说故事

龙子化椰子

传说椰子是海龙王的第五个儿子变的。

在很早的时候，海南岛瘟疫频发，体弱一点的人差不多都病死了。海龙王的第五个儿子知道了这个消息，万分焦急。因为岛上有个叫阿旺的老爹，是他的救命恩人，阿旺老爹的女儿小春还是他的心上人！他急得很多天都不吃不喝。

一天，他正昏昏入睡，突然听到一个从天上传来的声音：在海底龙宫那座镇海宝塔下，有九九八十一粒驱瘟疫的种子，只要他吃了这些种子，就可以变成九九八十一棵大树，大树长起来，就能驱瘟疫了。

听到这里，龙子猛地醒来，才知道那是天神的指引。他来到镇海塔下，果然找到了那些种子，一口气全部吃了。刹那间，龙子冲出水面，变成了九九八十一个椰子，随着海浪漂到了海南岛的沙滩上。这些椰子遇土生根，见风发芽，很快就长成参天大树。

这些椰子树结出无数椰子，人们喝椰汁，食椰肉，榨椰油，补虚祛热，很快就战胜了瘟疫。

牛油果油

从来牛果胜黄油，几世神医药典收。
润眼护肝萝卜素，保湿抗老鳄梨油。
丛林自古出珍宝，国粹如今自汕头。
盛世升平仍有梦，养生黎庶也添筹。

——《七律·牛油果油》
（现代）王耀华

一、物种本源

拉丁文名称，种属名

牛油果油是从樟科鳄梨属植物牛油果（*Persea americana* Mill.）的果仁、果核中榨取的油脂。

形态特征

牛油果油是一种不干性的液态植物油，呈艳绿色，香气温和。

习性，生长环境

牛油果别名奶油果、鳄梨等，原始品种广泛分布在中美洲热带地区，学者认为其起源于墨西哥地区，在我国广东省广州市、汕头市，海南省海口市，福建省福州市、漳州市等地都有种植。牛油果喜光，喜温暖湿润气候，不耐旱，对土壤的适应性强。

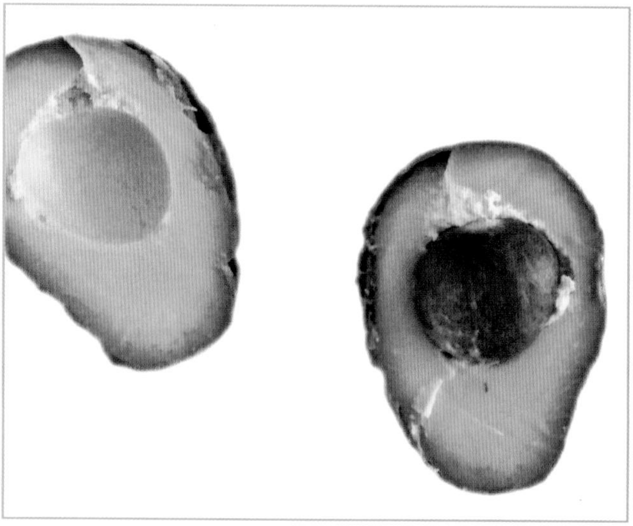

牛油果仁

牛油果

二、营养及成分

牛油果油营养价值高，不饱和脂肪酸含量丰富，其亚油酸占不饱和脂肪酸的比例为 6%～26.6%，棕榈酸为 7.2%～38.9%，亚麻酸为 2.1%～5.8%，油酸为 34%～81%，十六碳烯酸为 0.8%～3%。

三、食材功能

（1）调节血脂，降胆固醇

常食用牛油果油可以有效降低心脏病发作的风险，其能够降低人体血液中含有的低密度胆固醇，达到调节血脂、降低胆固醇的作用。

（2）提升智力

经常摄入牛油果油中的单不饱和脂肪酸（MUFA）对人的智力发育有很好的作用。

（3）美容

牛油果油含有丰富的甘油酸、维生素，是天然的抗氧化剂，不但可以软化皮肤，还能收缩毛孔、淡化色斑、防止阳光直射晒黑晒伤等作用。另外，牛油果油含有的亚油酸及必需脂肪酸有助于强韧细胞，延缓细胞衰老。

四、烹饪与加工

直接食用

牛油果油可以直接食用，但一次用量不宜超过20克，可直接满足人体对能量的需要。适宜婴幼儿、孕妇、老人等各个群体，但不同的群体需注意用量。

调味油

牛油果油可充当调味油，制作凉拌菜或者水果沙拉时，都可以加入适量的牛油果油，一方面提味增鲜，一方面也可以起到增强营养的作用。

烹饪食物

牛油果油可直接用于烹饪食物。牛油果油富含的不饱和脂肪酸对心血管、皮肤、肠胃都有益处，可以补充人体营养和提高人体免疫力，还能帮助肠胃消化，缓解便秘，对肝脏、胆囊也有一定的保护作用。

五、食用注意

（1）牛油果油不宜过量食用，肥胖人群宜少食。

（2）牛油果油置于空气中易氧化，因此一定要密封保存。

延伸阅读

鳄梨来了

听说主人今天去超市买了一个鳄梨回来，冰箱里的水果们都吓坏了。

“他有鳄鱼那么大的嘴巴吗？他会不会一口把我们吃掉？”草莓小声地问苹果。苹果也不了解鳄梨，她摇摇头，用蒂头上的小叶片轻轻拍了拍草莓的头安慰她。虽然苹果也很害怕，但和草莓比起来，她算得上一个大姐姐，所以必须比草莓更勇敢一点。

葡萄其实是最胆小的，一听到鳄梨要来的消息，他们的小脸儿就因为害怕变得更紫了，一个一个更加紧紧地抱在了一起。

“哼！有什么好怕的！我们有榴莲大哥在。他要是敢欺负人，我们就要他好看！”一向脾气暴躁的火龙果怒气冲冲，激动得连绿色的头发都竖了起来。

榴莲闭着嘴巴不说话，只是点点头，表示同意。他怕一开口，同伴们会受不了自己的味道。

“我想，我们还是应该对人家友好一点。也许他并不坏呢。”香蕉不紧不慢地说。他是个温和又心软的家伙。

“对呀对呀，以和为贵嘛！”鸭梨也连声附和，她心想，鳄梨的名字里不还有个“梨”吗。

就在这时，冰箱门被打开了，七嘴八舌的水果们纷纷闭上了嘴巴，假装没有人说过话。只见一个皮肤黑褐中带点墨绿色，身上疙疙瘩瘩的家伙和一群笑嘻嘻的橘子挤了进来。冰箱门又被关上了！

“嗨，大家好！我是新来的牛油果，很高兴认识你们！”陌生的家伙热情地进行自我介绍。

“你好，牛油果先生。欢迎你住进冰箱。”大家齐声说。

“啊，对了！牛油果先生，你没有和那个可怕的家伙一起来吗?”葡萄好奇地问。

“可怕的家伙?”陌生的家伙十分疑惑。

“嗯，就是那个会把其他水果吃掉的家伙，名字叫作鳄梨。非常可怕!”小草莓解释说。

“呃，你们在说什么呢！我怎么会吃掉自己的同伴?”陌生的家伙有点生气了。

“你？你不是牛油果吗?”大家惊呆了！

“对呀，牛油果是我的小名。我的学名叫鳄梨。”牛油果笑道。

“啊?”大家都松了一口气，同时又有点惭愧。

月见草油

一架延缘引蔓长，淡烟微霭弄新凉。
夜深欲摘浑难辨，叶底风来忽有香。

——《夜来香》（清）姚允迪

一、物种本源

拉丁文名称，种属名

月见草油是柳叶菜科月见草属草本植物月见草（*Oenothera bienins* L.）的种子，经低温榨取或溶剂萃取所获得的油脂。

形态特征

月见草油呈淡黄色，有轻微油味。月见草油质的稳定度较低，易氧化变质，所以，市面上的月见草油大多会添加少量维生素E，从而稳定油的品质。

习性，生长环境

月见草，别名晚樱草、夜来香、待霄草等，原产北美，后引入欧洲，迅速传播至温带与亚热带地区。在我国东北、华北、西南地区有栽培。其耐旱，耐贫瘠，沙土、黄土、轻盐碱地等均适宜种植。

月见草籽

月见草

二、营养及成分

月见草油中含多种不饱和脂肪酸，占总脂肪的90%以上，主要有亚油酸、γ–亚麻酸、硬脂酸、油酸、棕榈酸。此外，还含有多种维生素及矿物质，如维生素B_5、维生素B_6、维生素C、维生素E、镁、锌、铜等。

三、食材功能

（1）抗炎

有研究证明，月见草油中的γ–亚麻酸可有效改善炎症症状，具有抗炎的效果。近年，医学界对γ–亚麻酸的临床研究非常活跃，发现其对肥胖、精神分裂症、周期性乳腺疼痛及多种炎症（风湿性关节炎、溃疡性结肠炎、肾炎等）也具良好的改善作用。

（2）缓解经前症候群

研究表明，月见草油中所含有的γ–亚麻酸可通过抑制引起发炎作用的前列腺素浓度的升高来减轻经前症候群带来的不适反应。

（3）降血脂、预防血栓

月见草油含量丰富的极多元不饱和脂肪酸，在体内代谢的过程中会取代花生四烯酸在体内产生的致炎性内生性因子，如前列腺素、白细胞三烯及引发凝血反应的凝血酶原，所以，月见草油对降低凝血反应、预防血栓的形成具有较好作用。此外，它可从血液中清除甘油三酯，减少了内源性总胆固醇的合成，抑制细胞摄取和蓄积低密度脂蛋白胆固醇，排除已蓄积在细胞内的胆固醇。对血栓症方面，月见草油也具有减轻的效果，除可降低血栓引起的心脑血管疾病的风险外，也抑制动脉粥样硬化症的形成，保护缺血性心肌，减少坏死区，维持血小板的正常功能。

（4）降血糖

糖尿病病理生理研究证明糖尿病患者δ–6脱氢酶活性降低，亚油酸转化为γ–亚麻酸发生障碍，使前列腺素生成减少，而体内前列腺素不足可直接导致人体组织对胰岛素敏感性降低，使糖尿病加重。适当地给予人体月见草油，可以不依赖δ–6脱氢酶催化亚油酸的衍变而直接获取大量的亚麻酸前列腺素前体，使空腹血糖显著降低。

（5）抗心律失常

月见草油及其钠盐对心律失常具有显著的防治作用，尤其对氯化钡诱发的心律失常效果最突出。

（6）抗氧化、抗衰老

月见草油中所含γ–亚麻酸具有明显的抗脂质过氧化作用，对保护人体的健康、延缓人体衰老，有一定作用。

四、烹饪与加工

时蔬油醋汁沙拉

（1）材料：紫甘蓝、菠菜、红椒、黄椒、洋葱、月见草油、白兰地、盐、糖、苹果醋、迷迭香、白芝麻。

（2）做法：先将紫甘蓝洗净，掰成小块，菠菜洗净、去根，切段；

红椒、黄椒洗净，去籽去蒂，切菱形块；洋葱洗净、去皮，切丝，以上原料盛入大碗中备用。然后加入月见草油、盐、白兰地、糖、苹果醋、迷迭香拌匀，制成调味汁，淋入蔬菜中拌匀，撒入熟白芝麻，即可。

外用

月见草油经加工成乳液、乳霜等，可用来改善牛皮癣、湿疹，加快愈合皮肤创伤等。将月见草油与其他基底油混合来调和精油（玫瑰、天竺葵、茉莉精油等），按摩于下腹部及皮肤，可以缓和经痛、经前下腹肿胀及预防皮肤干燥。月见草油与洋甘菊、广藿香精油混合，可用于荨麻疹及异位性皮炎等，起到改善过敏与止痒的效果。将月见草油与桦木、姜精油混合，按摩关节，可预防关节炎及关节僵硬。

五、食用注意

（1）女性经期勿食用，经期量多的女性平时应减少月见草油的摄入量。

（2）子宫肌瘤患者应谨慎使用。

（3）未成年人群不宜食用。

（4）孕妇不宜食用，否则可能会引起体内激素变化而影响母婴健康。

传说故事

月见草救女

月见草很美，代表默默的爱。

这种美丽的花朵只在晚上开放，天亮的时候就会凋谢，而且只会盛开一个晚上。人们说它盛开是为了让月亮来欣赏，所以它就得了“月见草”这样动听的名字。而凋谢之后的月见草，会长出种子。人类从种子当中可提取出很多对人体有益的成分，缓解人类的病痛。

据说在红叶山庄有个三小姐，她天生体弱，有很严重的心绞痛，请来了许多名医都无法治愈，医生都说她活不过十八岁。

可是她的父亲没有放弃，为她寻来千年人参等上好药材，希望可以出现奇迹，却总是“治标不治本”。

这一日，父亲想到三小姐的病，辗转难眠，便乘月散心。一阵清风吹来，竟带有缕缕幽香。他不禁放眼寻找，只见假山边有一株从未见过的小花，有黄有紫。

天亮后，父亲路过假山时，发现小花凋谢了，心里还有些失落。是夜，他再次月下漫步，竟发现假山边又盛开着或黄或紫的小花，散发着阵阵幽香。他想到自己曾在古书上见过的神秘的花朵——月见草，据说这种花朵可以治疗百病，但是却没有人亲眼见过，他相信这就是治疗女儿的良药。

三小姐的父亲请来最好的医生，将这美丽的月见草种子榨油提脂，制成药丸，让女儿随身携带，每日口服。虽然三小姐还是柔弱，但是却活到了古稀之年。

百香果籽油

西方佛有青莲眼，西番花有青莲产。
朱丝作蔓碧玉英，缭绕疏篱意何限。
世间只尚紫与黄，此花无色能久长。
百花香者争高价，此花不售自开谢。
唯有幽人最惬怀，竟日盘桓倚僧舍。

——《集长寿禅林咏西番莲花歌》

（清）陈恭尹

一、物种本源

拉丁文名称，种属名

百香果籽油是从西番莲科西番莲属多年生草质藤本攀缘植物百香果（*Passiflora edulis* Sims）的种子中榨取的油脂，分黄色百香果籽油和紫色百香果籽油。

形态特征

百香果籽油呈漂亮而自然的金黄色，有特殊果香味。

习性，生长环境

百香果，又名鸡蛋果、洋石榴、紫果西番莲，喜温，喜光，较耐旱，适应性强，对土壤要求不高。广泛分布于热带和亚热带地区，20世纪初中国开始引进百香果，现在福建、广西、广东、海南、四川等地和我国台湾地区都有栽培。

百香果籽

二、营养及成分

百香果籽油中不饱和脂肪酸含量丰富，其中亚油酸占67%～75%、油酸占13%～17%、棕榈酸占9%～11%、硬脂酸占2%～4%、亚麻酸占0.3%～0.4%。另外，百香果籽油中还含有微量的维生素、胡萝卜素、多酚等活性物质。此外，百香果籽油还富含蛋白质和含钠、镁、钾、钙等矿物质。

三、食材功能

（1）抗氧化作用

研究表明，百香果籽油具有很好的DPPH自由基、羟自由基清除活性和超氧阴离子自由基的抑制活性，具有一定的抗氧化作用。另外，百香果籽油不仅具有较强的体外抗氧化活性，也显现出较强的体内抗氧化活性。

（2）抑菌能力

百香果籽油对一般的菌种有抑制生长的作用，其中，紫色百香果籽油的抑菌性要强于黄色百香果籽油的抗菌性。

四、烹饪与加工

制作凉拌菜

制作凉拌菜时，加入百香果籽油，可提味增鲜、增加营养。如凉拌青木瓜，具体做法如下：将青木瓜洗净、去皮、去籽，刨成细丝，加盐抓拌，静置片刻后用冷开水洗净盐分，然后挤干水分，备用。百香果洗净从顶端切开，取出果肉果汁。将百香果肉及果汁加调料，拌匀，加入百香果籽油和木瓜丝腌制入味，即可食用。

煮汤

煮汤时，加入百香果籽油，可以将汤的鲜味提出，令汤的口感更佳。如百香果山药海带汤，具体做法如下：将百香果壳洗净，山药去皮，海带、茶树菇洗净，生姜切末；百香果壳切块，海带切段，与生姜末一起放锅里，用冷水冷锅，开大火；将干粗的茶树菇捏破掰断；山药切块，边切边放到锅里；再放入茶树菇，待大火煮开后，加入百香果籽油，转小火，再放入芝麻和枸杞，煮开即可。

五、食用注意

婴儿不能食用百香果籽油，因其性凉，食用会加重婴儿肠胃负担，易出现腹痛腹泻。另外婴儿肠胃比较娇弱，消化能力不足，亦无法吸收其营养。

百香果饮品

传说故事

鸡蛋上树

相传，很久以前，在海南岛的万泉河南岸，住着一对姓许的采药老夫妇。

老头天天采药，老伴除了帮老头洗、切、分拣药草外，还养了好多只老母鸡，天天能收到不少的鸡蛋。可在一段时间里，连续好几天，鸡下的蛋都不翼而飞了。老伴总是说老头上市场卖药时顺便卖了，没和她打招呼，吵得家里鸡犬不宁。为了弄个水落石出，老药农每天留心鸡蛋的下落。

原来，每当母鸡下蛋啼叫后，即引来了一条大白蛇。这大白蛇也真奇了，它把鸡蛋吞下，然后爬到树上，又一个个吐出，粘在树叶下，就像树上结出的天然果子一样！粘好后，蛇就游走了。

为了不让蛇再来吞蛋，老药农在鸡窝和树的四周都撒了雄黄，蛇就不来了。奇怪的是，从那以后，这树上每年都结出像鸡蛋一样的果实，打开一看，还真有蛋黄呢！人们叫这种果为“鸡蛋果”，其实就是我们常说的“百香果”。

文冠果油

西域滇黔有此种，花从贝梵待春融。
龙章瑞应题真境，载笔欣瞻近法宫。
内白皮青多果实，从香叶密待诗公。
冰盘光献枫宸所，更喜连连时雨中。

——《御制诗碑》（清）
爱新觉罗·玄烨

一、物种本源

拉丁文名称，种属名

文冠果油是从无患子科文冠果属落叶乔木或灌木植物文冠果（*Xanthoceras sorbifolium* Bunge）的成熟种子中榨取的油脂。

文冠果

形态特征

文冠果油色泽淡黄色至金黄色，透明，无杂质，口感爽滑无涩味，香味浓郁。

习性，生长环境

文冠果喜阳，耐半阴，对土壤适应性很强，耐瘠薄、耐盐碱，抗寒，抗旱，抗风沙，在石质山地、黄土丘陵、石灰性冲积土壤、固定或半固定的沙区均能成长。文冠果是中国特有的一种食用油料树种，横跨我国温带和暖温带，遍及西北、华北等广大地区，主要分布于辽宁、吉林、河北、山东、山西、陕西、河南、甘肃、宁夏、内蒙古等地。

二、营养及成分

文冠果油含有多种脂肪酸，如油酸、亚油酸、肉豆蔻酸、棕榈酸、亚麻酸等。此外，文冠果油中含有多种生物活性物质如萜类、黄酮类、香豆素类等，还含有多种人体必需氨基酸和矿物质如镁、磷、钾、钙、钠等。

文冠果

三、食材功能

（1）文冠果油富含不饱和脂肪酸。长期食用，可降血脂、血压、胆固醇，可预防和治疗动脉硬化，有效地防止心脑血管疾病的发生。

（2）文冠果油中的亚麻酸能促进人体新生组织生长、受损细胞组织的修复和前列腺素合成，对发育不良和肾损伤产生的不育症有一定的作用。

（3）文冠果油含有丰富的亚油酸，可预防、治疗脱发和各种皮肤病。

四、烹饪与加工

文冠果油可用来口服、凉拌、炒菜、煮菜、煮饭、美容，不宜煎、炸（高温变质）。

五、食用注意

（1）服用碳酸氢钠时，勿食用。

（2）服用各种酸制剂时，勿食用。

延伸阅读

文冠果的由来

早在1200多年前，我们的祖先就开始认识文冠果。明代万历年间，京官蒋一葵撰《长安客话》，记载："文冠果肉旋如螺，实初成甘香，久则微苦。昔唐德宗李适（公元742—805年）幸奉天，民献是果，遂官其人，故名。"这就是"文冠果"之名的来历。

后来，文官都按照文冠果开花的次序穿袍，以此区分官职大小。胡仔纂集的《苕溪渔隐丛话》后集中第三十五卷记载：上庠录云"贡士举院，其地本广勇故营也，有文冠花一株，花初开白，次绿次绯次紫，故名文冠花。花枯经年，及更为举院，花再生。今栏槛当庭，尤为茂盛。"当时的文官，首穿白袍，次着绿袍，再穿红袍。最大的官才穿紫袍。

文冠果象征着官运亨通。在古代，来自全国各地的考生们，在应试完等待发榜时，就会涌到京城西山八大处的第四处——大悲寺的两棵文冠果树下，借着"文冠果"的寓意，在这树下吟诗作画，并祈求文冠果能给他们带来好运。山东莱芜刘庄曾经有一棵文冠果树，传说是清代的一个县官从北方带来的。县官认为，文冠果有保佑文官官运长久的作用。民间流传"闻到文冠果，当官不用愁"的说法。

猪脂

球碰猪油，猪油碰球。
球碰猪油油不流，猪油碰球要油球。
流猪油油不由球，猪油球球不怪油。

——《猪油·球》绕口令

一、物种本源

拉丁文名称，种属名

猪脂为猪科猪属动物猪（*Susscrofa domestica*）的肥膘肉、盘肠网油、板脂油熬成的脂肪油，又称猪油，中国人也将其称为荤油或猪大油，在西方被称为猪脂。

形态特征

猪脂是饮食业使用最普遍的食用油，初始状态是略黄色半透明液体，常温下为白色或浅黄色固体。以色泽洁白或白中略带微黄，有特殊香味者佳。

习性，生长环境

猪属杂食性哺乳动物，品种较多，是人类驯养较早的动物之一，现代基本以圈养为主。其身体肥壮，性格温驯，适应能力强，世界各地均广泛养殖。

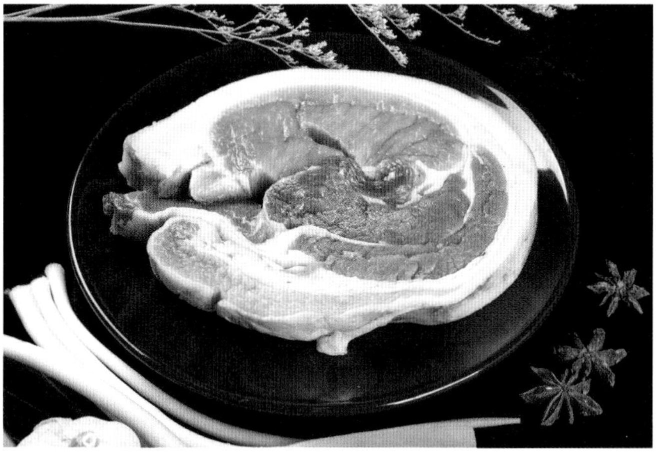

猪　肉

二、营养及成分

猪脂含有微量的维生素B_2、烟酸和磷、铁等矿物质。另外，猪脂还含有花生四烯酸和α−角蛋白，这是植物油中所不含有的两种物质。猪脂所含的三种脂肪酸组成比例为饱和脂肪酸43.2%、单不饱和脂肪酸47.6%、多不饱和脂肪酸8.9%。经测定，每100克猪脂中含有897千卡热量、99.6克脂肪、5.8克碳水化合物、93毫克胆固醇、5.2毫克维生素E。

猪

三、食材功能

猪脂味甘，性凉，无毒，归肺、胃经。《本草纲目》记其“补虚、润燥、解毒”。猪脂，滋阴润燥，对脏腑枯涩、大便不利、燥咳、皮肤皲裂等症有辅助疗效。可药用内服、熬膏或入丸剂，外用作膏油，可涂敷患部。

（1）解毒

猪脂有一定的解毒作用，对如斑蝥、芫青毒、地胆、葛上亭长、野葛、硫黄毒等能起到一定的解除效果。

（2）止咳

猪脂在一定程度上能起到止咳的效果，对体内引起咳嗽的因素起到一定的防治的作用，从而起到止咳的效果。

（3）止汗

孕妇产后经常会有发虚汗的现象，可以让孕妇吃一些猪脂，能够起到止虚汗的作用。

四、烹饪与加工

起酥油/人造奶油

以猪脂为原料，加入其他混合物，经特殊加工工艺，可制成甘油三酯分布更加均匀，酪化性显著增强，具有良好加工特性的起酥油/人造奶油，其在面包烘焙方面优于市售起酥油。

猪油手撕圆白菜

（1）材料：圆白菜、干辣椒、麻椒、猪油、盐、糖、鸡汁、醋、蒜末。

（2）做法：干辣椒切丝和麻椒放入碗里，备用。圆白菜撕成小块。锅里放入少许猪油，烧热。放入麻椒和干辣椒爆香，再放入圆白菜。圆白菜稍微变软，放入糖和鸡汁。熟透后放少许盐、醋和蒜末，翻炒出锅。

五、食用注意

（1）猪脂不宜用于凉拌和炸食，调味的食品要趁热食用，放凉后会有油腥气，影响食欲。

（2）猪脂热量高、胆固醇高，故老年人、肥胖者和心脑血管病患者不宜食用。

（3）痰湿体质者不宜吃猪脂，以免助湿生痰。

延伸阅读

猫鼠反目

猫和老鼠原来是好朋友，但却因为一件事反目成仇。

老鼠和猫一起出去找东西吃，它们发现一罐猪油，回来之后他们把猪油藏了起来。

过了几天猫的肚子饿了，于是对老鼠说："我表姐家生了个儿子，我想去看它。"老鼠同意了。猫偷偷来到藏猪油的地方，把猪油的皮儿吃了。猫回来老鼠问他："猫，你表姐家儿子叫什么名啊？"猫说："叫去了皮儿！"老鼠觉得很奇怪，但也没接着问。

过了几天猫又饿了，只好对老鼠说："我表妹家生了一个儿子，叫我去看看。"老鼠同意了。猫又来到藏猪油的地方把猪油吃了一半。猫回来老鼠问他："你表妹家儿子叫什么？"猫说："叫去了一半！"老鼠一听更奇怪了，但还是没接着问。

又过了几天猫又饿了，又对老鼠说："我喜欢的人生宝宝了，叫我去当爸爸。"老鼠又同意了。猫来到藏猪油的地方，把猪油吃光了。猫回来老鼠问他："你家宝宝的名字叫什么？"猫说："叫一扫光！"老鼠更加奇怪了，但还是没接着问。

冬天到了，没有食物吃了。老鼠想起猪油，叫猫跟它一起去取。来到藏猪油的地方，发现猪油没了。老鼠明白了，生气地看着猫。突然猫又饿了，于是吃了可怜的小老鼠。从此猫和老鼠成了敌人！

牛脂

六十六头牛，六十六个头。
六十六个牛头，挂六十六篓油。
牛头挂了油篓，油篓油了牛头。
牛头不挂油篓，油篓不油牛头。

——《油与牛》绕口令

一、物种本源

拉丁文名称，种属名

牛脂是从哺乳纲偶蹄目牛科动物黄牛（*Bostaurus domestica*）、水牛（*Bubalus bubalus*）或牦牛（*Poephagus grunniens*）的脂肪组织提炼出来的油脂，又名牛油。

形态特征

牛脂为白色固体或半固体。粗制油脂有难闻气味，经过处理后有独特的香味和膻味。

习性，生长环境

牛是人类驯化较早的动物之一，其适应性很强，能较好适应所在地气候。牛是素食动物，食物范围很广，在世界各地均广泛养殖。在我国，黄牛多产于黄河中下游地区，水牛多产于长江中下游地区，牦牛多产于青海、西藏和新疆等地。

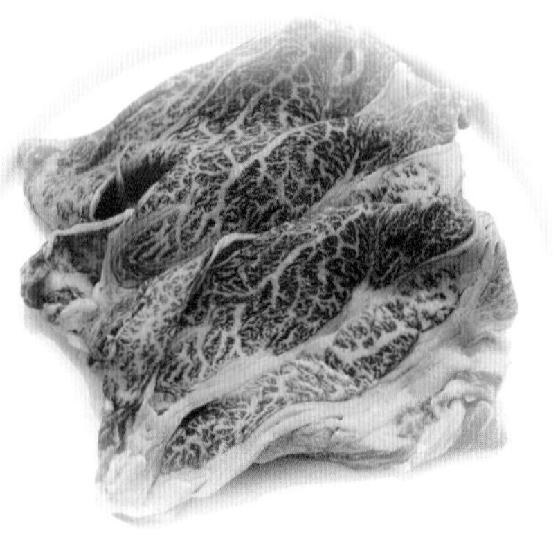

牛　肉

二、营养及成分

牛脂含有饱和、单不饱和和多不饱和三种脂肪酸。牛脂有含量丰富且容易吸收的维生素A及其他脂溶性维生素，酪酸、月桂酸等营养物质。牛脂还含维生素B_2、烟酸及硒、钙、铁、锌、磷等矿物质。经测定，每100克牛脂中含有850～890千卡热量、92～99克脂肪、0.9～1.8克碳水化合物，以及4～6毫克维生素E。

牛

三、食材功能

牛脂，味甘，性温，归肺、胃、肾经，有润燥止渴、止血、解毒之效，可治渴利（《圣济总录》栝楼根煎）、七孔出血（《普济方》引《经效良方》）、杖疮（《证治准绳·疡科》）。

（1）促进代谢

牛油中含有丰富的维生素，特别是维生素A、维生素E，不仅能够促进身体的代谢，提高体内各器官的功能，而且牛油中的维生素大多是脂溶性的维生素，可以提高身体素质。

（2）提高免疫力

牛油中含有丰富的矿物质如硒元素，对身体的生长发育具有重要的功效和作用。这些矿物质不仅能够延缓衰老，提高身体抗氧化能力，还可以清除体内的病菌，从而有效地提高人体免疫力。

（3）预防肠胃病

食用牛油可以有效地预防肠胃病，这是因为牛油中含有一种特殊的脂肪酸，可以直接进入体内，从而可抑制肠胃出现感染，有效降低肠胃炎等疾病发病的概率。

四、烹饪与加工

牛油拌饭

（1）材料：米饭、海苔、酱油、牛油、三文鱼籽。

（2）做法：热米饭盛入碗中。热饭中挖个孔，加入一块牛油，盖上，待其融化。加适量酱油，迅速拌匀后，撒上碎海苔和三文鱼籽即可。

牛油玉米烙

（1）材料：玉米、牛油、生粉、橄榄油。

（2）做法：玉米洗好剥出来备用。玉米装入碗里，淋上少许橄榄油拌匀。加入少许生粉拌匀，尽量让每一颗玉米都沾上生粉。热锅加入适量牛油，把搅拌好的玉米倒入，开始煎制。尽量摊平，煎至水分收干后反转另一面略煎片刻即可。

五、食用注意

（1）牛脂不宜长期食用，否则肠胃会产生很多过量的酸会对肠胃造成损害。还有牛油有微毒，不宜多食。

（2）牛脂不宜被人体消化吸收，不宜多食。高胆固醇血症者不宜食用。

（3）传统牛脂火锅不宜常食，特别是回收使用的，因长期反复熬煮，会产生许多有害物质。

传说故事

把牛油钱贴给我

相传台湾地区的台东，有个钱家庄，庄里有个做苦力的叫钱如敏，见钱眼开。

本庄的一名财主亡故，要请人抬棺材，出价一千两白银。钱如敏知道后，准备一个人扛棺材，这样可以独得这一千两白银。但是这富人十分肥胖，棺材也又大又重，钱如敏试了几次都扛不动。最后只好雇了四个人，可是每人只分给五两。他说只要四人帮忙将棺材四角搭起来，自己钻到棺材下边就能驮着走了。并嘱咐这四个人，要等他在棺材下喊一声吉利话“富”，再一齐松手，然后棺材落在他的背脊上让他驮着走。四人照办，当钱如敏钻到棺材下叫了一声“富”后，四人真的一齐松手，由于棺材太大太重，把钱如敏给压死了。

死后他的阴魂在阴曹地府里游荡，被黑白无常和牛头马面逮住，押送到五殿阎王那里。五殿阎王叫判官打开生死簿看钱如敏阳寿可尽。结果判官一查，钱如敏还有三十年阳寿。阎王问钱如敏：“你命尚未绝，为何前来找死?”

钱如敏哭丧着脸道：“阎王老爷在上，阳间的人都是‘人为财死，鸟为食亡’。我也是为财而死，被财主的棺材压死的，因他的棺材太大太重，这也怪不得小人啊！望阎王老爷明察。”

五殿阎王一听，十分生气地说道：“你在阳间虽说苦力生财，但也太过分了，坏了做人的纲常。来人啊，把他放到牛油锅里煎了吧!”

钱如敏一听要把他放到牛油锅中煎，喜出望外，忙换一副笑脸向五殿阎王求情道：“阎王老爷在上，再包容小人一次，牛油钱全部贴现给小人，把小人放在不放牛油的锅中硬烤吧……”

羊脂

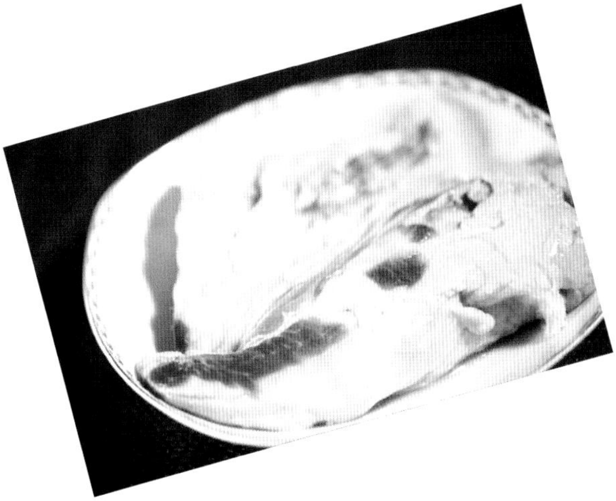

凉勺舀热羊油，热勺舀凉羊油。
凉勺舀了热羊油舀凉羊油，
热勺舀了凉羊油舀热羊油。

——《舀羊油》绕口令

一、物种本源

拉丁文名称，种属名

羊脂为牛科羊亚科动物山羊（*Capra hircus* L.）或绵羊（*Ovis aries* L.）的脂肪熬成的油脂，又名羊油。

形态特征

羊脂为白色或微黄色蜡状固体，以洁白如冰、无异味者佳。新鲜的羊脂经精制后可供食用。

习性，生长环境

羊是群居性哺乳动物，品种很多。其食谱广、喜干厌湿、适应能力较强。世界各地广泛养殖，在我国分布几遍全国，以北方和西北地区为多。

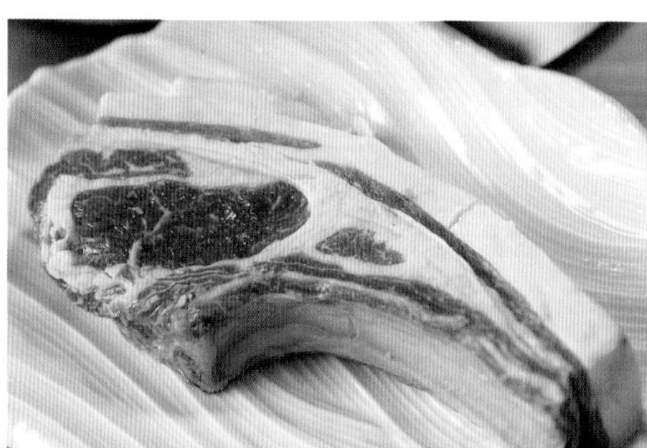

羊　肉

二、营养及成分

羊脂含有微量的钾、钠、钙、铜、磷、铁、锌等矿物质。羊脂所含

羊

饱和脂肪酸，主要是棕榈酸及硬脂酸，也含少量的肉豆蔻酸；不饱和脂酸主要是油酸，也含少量的亚油酸。经测定，每100克羊脂中含有824千卡热能、88克脂肪酸、8克碳水化合物、1.1毫克维生素E。

三、食材功能

中医记载，羊脂可治虚劳口干、治诸久痢不瘥（《千金方》），治肺痿骨蒸已极（《食物本草》），治产后诸病羸瘦（《古今录验方》）。

（1）御寒

羊脂中含有多种脂肪酸，具有一定的营养，并且能提供极高的热量。寒冷地区的人常食用羊脂可以起到御寒的作用。

（2）润肠通便

羊脂滑腻入大肠经，可以润滑肠道，使人排便通畅，故具有润肠通便的功能作用。

（3）滋阴润燥

羊脂属于动物脂肪，按照中医理论，动物脂肪具有很好的滋阴润燥作用，多用于阴血不足者的治疗。中医认为，肺主皮毛，即人体皮肤、毛发的生长靠肺滋养。羊脂能补益肺阴，可滋润皮肤，促进毛发生长，可治疗脱发。

四、烹饪与加工

羊脂核桃粥

（1）材料：粳米、核桃肉、羊脂、糖。

（2）做法：将羊脂置于锅中，熬化，备用。羊脂油、核桃肉、粳米，加适量清水同煮至成粥。加适量糖调味，即可。

爆炒羊肝

（1）材料：羊肝、玉兰片、水发木耳、青蒜、蛋清、淀粉、盐、味精、料酒、花生油、羊脂。

（2）做法：将羊肝洗净，立刀切片，用蛋清、淀粉抓匀。锅内放入花生油，油烧至六成热，将羊肝下锅，用勺散开，起锅沥油。锅内稍留底油，开大火，将玉兰片、水发木耳、青蒜下锅煸炒几下，烹入羊脂、盐、料酒，迅速下羊肝，加味精，用淀粉勾芡，翻炒几下，淋入花生油，出锅即成。

五、食用注意

（1）羊脂的热量高、胆固醇高，故老年人、肥胖者和心脑血管病患者不宜过多食用。

（2）羊脂滑腻，故腹泻不止者应慎食。

（3）用羊脂调味的食品要趁热食用。这是因为，凉后有油腥气，会影响食欲。

（4）多食羊脂会酿湿生痰，感冒、痰火内盛者均忌食。

秦老抠与羊脂“七灯”

传说，秦岚山下的秦家庄，住着一户姓秦的人家，主人被称为秦老抠。人称他是“针头上削铁，蚊子肚里刮油，鹭鸶腿上剥精肉。”就连他家晚上点的灯，也是拣最小最细的竹管筒，中间放一根很细的棉线做灯芯，最后将羊脂烊化倒进竹管筒，制成羊脂蜡烛，点起来只有萤火虫一样大的亮光。

秦老抠临死前，对儿子千叮咛万嘱咐：“我死了之后，一不准火葬，二不准土葬。等真的断气后，把肉削下做熏烧上街卖，把骨头卖给废品店。”说完便断气了。

儿子很听父亲的话，正准备剥肉时，秦老抠却活过来了，对儿子说：“刚才我忘了和你说，熏烧做好了上街卖时，千万不要从你舅舅家门前走！你舅舅这个人，我和他打了一辈子交道，是个出了名的‘削子’，吃东西从来不给钱，要当心！”

说完又断气了，当儿子再次要动手剥肉时，秦老抠又还魂了，对儿子说：“你一点也不晓得节省，竟然点羊脂蜡烛做‘七灯’，知道羊脂蜡烛多贵吗？点就点吧，为何要头前点一支，脚后点一支？一点都不知道节约！还不快把脚后头的羊脂蜡烛熄掉。”这次秦老抠没有立刻断气，而是亲眼看着儿子将脚后头那支羊脂“七灯”熄灭了才闭上眼，真的死去了。

鸡油

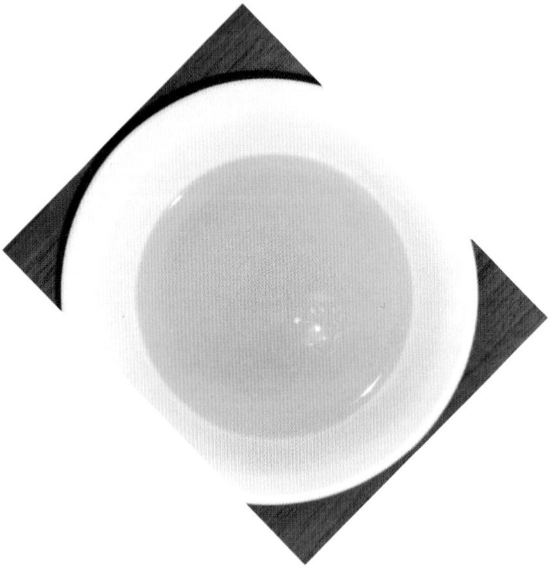

买得晨鸡共鸡语，常时不用等闲鸣。
深山月黑风雨夜，欲近晓天啼一声。

——《鸡》（唐）崔道融

一、物种本源

拉丁文名称，种属名

鸡油主要是从雉科原鸡属动物鸡（*Gallus domesticus*）的板油、皮、肉及内脏等部位提取的油脂。

鸡

形态特征

液态的鸡油色泽浅黄透明，有鸡油固有的清味，无异味。

习性，生长环境

鸡是从野生的原鸡驯化而来的一种家禽，其品种多，易养殖，在世界各地均广泛分布，在中国，除青藏高原的大部分地区外，遍布全国。

二、营养及成分

鸡油含有多种有益成分，如蛋白质、脂肪酸、脂溶性维生素、固醇等。在鸡油含有的脂肪酸中，棕榈酸、硬脂酸、油酸、亚油酸所占比例均较大。鸡油中主要脂肪酸占比为月桂酸0.7%、肉豆蔻酸0.8%、棕榈酸27.1%、硬脂酸5.1%、棕榈油酸6.3%、油酸45.9%、亚油酸13.9%、亚麻酸0.3%。

三、食材功能

（1）鸡油中含有的不饱和脂肪酸可促进新陈代谢，提高脑细胞活性，加强记忆和思维能力，同时还可以减少血液中的胆固醇和甘油三酯水平，降低血液黏度，延缓衰老，防脱发及预防心脑血管疾病等。

（2）鸡油含有蛋白质、脂肪等人体所需营养成分，可为人体补充营养。

（3）鸡油富含脂肪酸，具有护肤功效，起到美颜效果。

四、烹饪与加工

香菇鸡油饭

（1）材料：长糯米、籼米、去骨鸡腿、香菇、米酒、姜、葱、鸡油、日式酱油、蚝油、老抽、盐。

（2）做法：将长糯米泡水，再加入一半的籼米一同洗净，沥干后加水放入锅中；去骨鸡腿肉洗净，切块，用米酒及盐腌制；姜切片，香菇泡软后，切丁，青葱切末，备用；将米饭煮熟；小火热锅加入鸡油，把姜片下锅煸至酥黄，加入香菇炒香，再把鸡肉下锅炒至变色；加入米酒、日式酱油、蚝油、老抽及水，用中小火煨开，加入葱；将炒料与煮好的糯米饭拌匀即可。

调味品

纯天然的鸡油在家用调味品中广泛使用，如常用的鸡粉、鸡汁等。

五、食用注意

（1）鸡油含有大量的脂肪及胆固醇，食用过多不益于身体健康，会增加心脏病、肥胖、脑血栓的发生率。

（2）鸡油中缺乏钙、铁、胡萝卜素及各种维生素和膳食纤维，不宜过多食用。

延伸阅读

抱鸡求吉

山东一些地区有“抱鸡”的婚俗。

娶亲时，女家选一男孩抱只母鸡，随花轿出发，前往送亲。因鸡与“吉”谐音，抱鸡图的是吉利。另外，在古时还有一种留“长命鸡”的习俗。

临近婚礼时，男方要准备大红公鸡一只，女方准备一只肥母鸡，表示新人为“吉人”。出嫁时，女方所备的母鸡一定要由自己未成年的弟弟或其他男孩抱着，随花轿出发，并要在公鸡打鸣之前赶到男方家。人们认为公鸡不睡觉，而母鸡不睡便可以在气势上压倒公鸡。然后，男方将公鸡交给抱鸡人，将公鸡、母鸡一同拴在桌腿上，并不时打公鸡，直到公鸡有气无力，这是妻子制服丈夫的象征。之后，这两只鸡不得杀掉，故称“长命鸡”。

别小看这农村的风俗，“抱鸡”又叫“鸡礼”，可是大有来头的。这风俗礼仪据说源自古时的“奠雁”之礼，那时婚礼用“雁”，取其不失时不失节之性。后来在演化过程中，用了“鹅”，又用了“鸡”。再后来，就没那么多讲究了，抱收音机、录音机、电视机……只要谐音“吉”即可，就是图个吉利，图个好彩头。

鸭油

竹外桃花三两枝，春江水暖鸭先知。
蒌蒿满地芦芽短，正是河豚欲上时。

——《惠崇春江晚景二首（其一）》（北宋）苏轼

一、物种本源

拉丁文名称，种属名

鸭油是鸭科鸭属动物鸭（*Anatinae*）体内脂肪经提炼而来的一种油脂。

形态特征

液态鸭油是淡黄透明状，有独特香味，其胆固醇含量几乎是动物类油脂中最低的。

习性，生长环境

鸭是一种家禽，驯化自野生绿头鸭和斑嘴鸭。我国产鸭量居世界第一，世界鸭产量约75%在亚洲，而中国占亚洲的80%左右。在我国只要

鸭

水系丰富的地方一般都会养鸭，因此主要分布在山东、江苏、四川和广东等省份。

二、营养及成分

鸭油中含有丰富的单不饱和脂肪酸、多不饱和脂肪酸与饱和脂肪酸，且比例均衡。鸭油含有的胆固醇是人体组织细胞的重要成分，是合成胆汁和某些激素的重要原料。经测定，每100克鸭油中含有200千卡热量、99.7克脂肪、71毫克维生素A、83毫克胆固醇。

三、食材功能

鸭油具有调理肠胃、滋阴补阴的作用。

（1）补充营养、提高人体免疫力

鸭油含有较低的胆固醇，且含有丰富的比例均衡的脂肪酸，适合久病体虚者食用，具有保护肠胃、提高人体免疫力的功效。

（2）抗氧化作用

有研究表明，鸭油具有对某些自由基的清除能力、铁还原能力、氧自由基的吸收能力和抑制β–胡萝卜素褪色的能力，具有一定的抗氧化作用。

四、烹饪与加工

鸭油烧饼

（1）材料：水油皮、油酥、鸭油、鸡蛋液、葱、芝麻。

（2）做法：将包含鸭油的水油皮和油酥分别和好，放入冰箱饧发；将水油皮和油酥分成小剂子，用水油皮包裹油酥；将包裹好的油酥擀成细长条，卷起，如此两次，注意期间冷藏松弛；最后擀成长方条并三

鸭油烧饼

折，包入葱花作馅，收口后再擀成椭圆扁饼；刷鸡蛋液，沾芝麻，入预热好的烤箱，烤30分钟，新鲜出炉的鸭油烧饼即出炉。

五、食用注意

鸭油不宜食用过多，尤其是肥胖者。

延伸阅读

寻根北京烤鸭

北京烤鸭是风味独特的中国传统菜，其特点是外焦里嫩、肥而不腻。北京烤鸭在国内外享有盛名，现已被公认为国际名菜。关于烤鸭的由来有三种说法。

第一种说法是北京烤鸭可以追溯到辽代。当时辽国贵族游猎时，常把捕获的白色鸭子带回来圈养，视为吉祥之物，这就是北京鸭的祖先。北京鸭喜冷怕热，北京地区春秋冬三季较冷，适合鸭子的习性。而夏秋的溪流河渠中水食丰富，又便于鸭子的饲养。当地人民创造了人工填鸭法，终于培养出了肉质肥嫩的北京填鸭，北京烤鸭就是以这种肉质肥嫩的北京填鸭烤制的。

第二种说法说烤鸭最早创始于南京。公元1368年，朱元璋称帝，建都南京。宫廷厨师用鸭烹制菜肴时，采用炭火烘烤，使鸭子酥香味美，肥而不腻，被皇宫取名为“烤鸭”。朱元璋死后，他的第四子燕王朱棣夺取了帝位，并迁都北京，烤鸭技术也随着带到北京。这么说，是南京烤鸭去了北京，就变成“北京烤鸭”了。

第三种说法说北京烤鸭始于便宜坊。据清代《都门琐记》所述，当时北京城宴会“席中必以全鸭为主菜，著名为便宜坊。”便宜坊开业于清代乾隆五十年（公元1785年），最初在宣武门外米市胡同，清末京城有七八家烤鸭店，并都以便宜坊为名。最初的烤鸭来自南方的江苏、浙江一带，那时称烧鸭或炙鸭，从业人员也是江南人。后来烤鸭传到北京后，才臻于完善。也就是说，不管如何，烤鸭是在北京出的名！

鱼油

照日深红暖见鱼，连溪绿暗晚藏乌。
黄童白叟聚睢盱。
麋鹿逢人虽未惯，猿猱闻鼓不须呼。
归家说与采桑姑。

——《浣溪沙·照日深红暖见鱼》
（北宋）苏轼

一、物种本源

拉丁文名称，种属名

鱼油是脊椎动物鱼（*Piscium*）体内的所有油类物质的统称，包括体油、肝油和脑油。鱼油是将鱼及其废弃物经过蒸馏、压榨和分离而得到的油脂。

形态特征

鱼油为黄色或红棕色的油状液体，具有强烈的鱼腥味。

习性，生长环境

鱼是最古老的脊椎动物，几乎栖居于地球上所有的水生环境——淡水的湖泊、河流到咸水的大海、大洋。我国大部位于温带或亚热带，气候温和，雨量充沛，适于鱼类生长。鱼类几遍全国，品种繁多。

二、营养及成分

鱼油中含有甘油三酯、类脂、磷甘油醚、脂溶性维生素，以及蛋白质降解物等。鱼油中含有较多的二十碳五烯酸（EPA）和二十二碳六烯酸（DHA）等多不饱和脂肪酸。DHA俗称“脑黄金”，使得鱼油被人们广为关注。

三、食材功能

（1）鱼油属于高热量物质，其每克脂肪中所包含的热量有9千卡，是蛋白质及碳水化合物的两倍多，其消化吸收率也非常高。

（2）鱼油中含有的磷脂是很多组织器官不可缺少的组成部分，而且是生物膜的重要结构物质。它还可以促进脂类的消化、吸收、转运和形成，可以促进脑细胞的充分发育，可防止健忘、老年痴呆及智力下降等。

海　鱼

（3）鱼油具有促进神经、视觉及生殖系统发育的作用。在大脑神经突触、视网膜以及睾丸和精子中含有大量的二十二碳六烯酸和二十碳五烯酸，两者在相关器官和系统的发育中具有十分重要的作用。有研究表明，如果孕妇没有摄入足够的长链多不饱和脂肪酸，其胎儿的智力发育和视力发育都会受到影响。DHA还是人体视网膜细胞的重要组成部分，可以帮助大脑和视网膜之间信号的传递，能够起到预防视力减退、改善视力的作用，同时还可以抑制视网膜中脂质成分的渗出，防止血栓形成，保护视网膜。

鱼油胶囊

(4）鱼油可以防治心脑血管疾病。鱼油中的ω–3类多不饱和脂肪酸可以抗血栓、抗动脉粥样硬化和降血压。相关研究表明，ω–3类多不饱和脂肪酸具有抗心律失常的作用，可以防止男性的突发性死亡。此外，有实验表明，鱼油能够有效阻止心率紊乱、心室纤维性颤动、心动过速等。

(5）增强免疫力。通过补充EPA、DHA，可提高自身免疫系统抗病毒的能力。因此，鱼油经常作为治疗类风湿关节炎、糖尿病、高血压和其他一些免疫系统疾病的辅助品。

四、烹饪与加工

鱼油是老少皆宜的保健食品，针对不同的保健目的，可选用不同品种的鱼油。如用于健脑目的孕妇、婴儿幼儿及小学生，应选择DHA含量较高、EPA含量较低的产品，而用于防治心脑血管病的中老年人，则选用EPA含量多些的产品较好。

五、食用注意

(1）鱼油可以促进血液循环，改善血管压力。服用鱼油后，会导致血液流动速度加快。因此即将做手术者不宜服用，否则会影响血液的凝结能力而致术后大出血。同时孕妇和哺乳期的妇女最好也不要服用。

(2）对于海鲜过敏的人来说，谨慎服用。

(3）鱼油的代谢产物需通过肝脏排出体外，这加重了肝脏的负担。所以，在食用鱼油时，最好配合卵磷脂一同服用，可以保护肝脏不受损害。

(4）鱼油不宜多吃。多吃造成体内含有过多的不饱和脂肪酸，很容易发生过氧化反应，消耗抗氧化物质，出现细胞老化等。此外，在服用鱼油时最好不要喝茶，以免茶碱、鞣酸与鱼油作用，影响食用效果。

传说故事

缘木求鱼

公元前319年，孟子周游列国，第二次来到齐国。

这时候，齐宣王为了扩张自己的领土，正准备攻打邻国。孟子反对战争，想宣扬自己的“仁政”思想，可怎么才能说服固执的齐宣王呢？于是，孟子与齐宣王进行了一段有趣的对话。

孟子问：“大王心中最大的愿望是什么？”齐宣王知道孟子要来说服自己，所以他笑而不答。

孟子接着问：“是因为食物不够肥美，衣服不够暖和，还是绘画不够艳丽，音乐不够美妙呢？要不就是因为身边伺候的人不够使唤吧？这些，臣子们都能给您提供，难道您还真是为了这些吗？”

齐宣王说：“不，我不是为了这些。”

孟子接着说：“那您最想要的，一定就是开拓疆土，收服秦国、楚国，统治华夏，安抚边疆。不过，以您现在的做法，就像爬到树上去捉鱼一样啊！”

齐宣王吃了一惊，忙问：“为什么？”

孟子连忙说：“大王想一统天下，是以弱击强，只会给自己带来灾祸。可如果大王能施行仁政，使天下做官的人都想到您的朝廷里来做官，天下的农民都想到您的国家来种地，天下做生意的人都想到您的国家来做生意。这样，天下还有谁能够与您为敌呢？”

这就是“缘木求鱼”这个成语的出处。自古以来，鱼就是中国人再熟悉不过的食材。孟子善于比喻说理，又以身边之鱼作比，想必更有说服力。

参考文献

［1］ 陈寿宏. 中华食材［M］. 合肥：合肥工业大学出版社，2016：66-88.

［2］ 王荣，赵佳，冯怡，等. 黑芝麻总黄酮的体内抗氧化作用研究［J］. 中国油脂，2020，45（7）：42-44+66.

［3］ 尹文婷，马雪停，汪学德. 不同工艺芝麻油的挥发性成分分析和感官评价［J］. 中国油脂，2019，44（12）：8-13.

［4］ 周易枚，刘尧刚. 浓香菜籽油中挥发性风味物质的提取方法研究进展［J］. 食品安全导刊，2020（15）：26-27.

［5］ 李浦，宣朴，姚英政. 关于菜籽油感官评价标准的探讨［J］. 四川农业科技，2020（5）：52-53.

［6］ 王瑞元. 我国花生生产、加工及发展情况［J］. 中国油脂，2020，45（4）：1-3.

［7］ 于淼，周玥彤，马佳慧，等. 两种冷榨花生油理化性质及抗氧化活性的研究［J］. 食品研究与开发，2019，40（21）：38-43.

［8］ 左青，吕瑞，徐宏阎，等. 大豆油生产加工中色泽控制措施［J］. 中国油脂，2020，45（5）：138-142.

［9］ 黄昭先，陈靓，王风艳，等. 无水脱皂大豆油氧化稳定性的评估［J］. 中国油脂，2020，45（5）：128-131+137.

［10］ 苏碧玲，王艳玲，谢维平，等. 超高效液相色谱法测定玉米油中玉米赤霉烯酮含量［J］. 海峡预防医学杂志，2019，25（6）：41-43.

[11] 腾军伟，郑远荣，刘景，等. 玉米油在再制奶油干酪中的应用及其对品质的影响 [J]. 食品工业，2019，40（7）：170-174.

[12] 赵菁. 稻米油加工安全性评价 [D]. 武汉：武汉轻工大学，2018.

[13] 陈玉. 基于热稳定性的稻米煎炸油的研究 [D]. 武汉：武汉轻工大学，2019.

[14] 胡新娟，张正茂，邢沁浍，等. 小麦胚芽油精炼工艺优化及对其品质的影响 [J]. 中国油脂，2016（9）：7-12.

[15] 成利娟，苏涌，杨翠，等. 小麦胚芽油体内外抗氧化作用的研究 [J]. 安徽医药，2013，17（8）：1289-1291.

[16] 张正艳，蒋宾，马奔，等. 云南大叶种茶籽油脂肪酸组分分析 [J]. 中国茶叶加工，2020（1）：44-47.

[17] 余婷婷，薛亚军. 纤维素酶水酶法提取茶籽油的条件优化及茶籽油成品分析 [J]. 四川理工学院学报（自然科学版），2019，32（5）：1-7.

[18] 黄帅，蒋瑞，王强，等. 酶处理对初榨橄榄油品质及抗氧化活性的影响 [J]. 中国粮油学报，2020，35（8）：104-110.

[19] 伍美军，蒲红争，勾瑶，等. 橄榄油有效成分及应用研究进展 [J]. 安徽农学通报，2020，26（10）：34-35.

[20] 何鑫. 冷榨精炼核桃油品质分析及储藏技术研究 [D]. 西安：陕西师范大学，2017.

[21] 魏决，胡洁，涂睿. 薄皮核桃油脂性质、营养及稳定性研究 [J]. 成都大学学报（自然科学版），2018，37（4）：377-379.

[22] 季泽峰，方学智，宋丽丽，等. 不同制油工艺对山核桃脂肪酸及内源抗氧化物影响 [J]. 食品工业，2019（11）：92-95.

[23] 季泽峰，方学智，宋丽丽，等. 水酶法提取山核桃油工艺及其对油脂品质影响 [J]. 食品工业，2019，40（2）：73-77.

[24] 潘娜. 葵花籽油氧化稳定性研究 [D]. 呼和浩特：内蒙古大学，2015.

[25] 王瑞元. 我国葵花籽油产业现状及发展前景 [J]. 中国油脂，2020，45（3）：1-3.

[26] 梁慧珍. 我国红花种植业发展优势明显 [N]. 河南科技报，2019-11-19（B07）.

[27] 张丹丹，吴士筠，刘虹，等. 红花籽亚油酸与油酸成分的同时HPLC-UV快速检测法 [J]. 生物资源，2019，41（3）：262-268.

[28] 王欢，李杨，江连洲，等. 水酶法提取火麻籽油的工艺优化及其脂肪酸组成分析 [J]. 食品科学，2013，34（22）：27-32.

[29] 梁艳菁，宾雨澜，陆丹丹，等. 火麻油的营养组分检测方法研究进展 [J]. 轻工科技，2018，34（11）：12-13+64.

[30] 王海义. 我国油用亚麻产业发展问题研究 [D]. 大连：大连海洋大学，2019.

[31] 刘虎传，戴正浩，杨培培，等. 亚麻油对猪胴体性能及肉品质影响的研究进展 [J]. 山东畜牧兽医，2020，41（1）：56-57.

[32] 周天华，刘玉梅，张利，等. 新资源牡丹籽油研究进展与前景 [J]. 菏泽学院学报，2020，42（2）：100-103.

[33] 林湘湘，易雪平，倪穗. 超声波辅助浸取法提取牡丹籽油的工艺优化研究 [J]. 中国野生植物资源，2020，39（6）：28-34.

[34] 沙爽，张欣蕊，唐佳文，等. 紫苏籽深加工研究进展 [J]. 食品工业，2020，41（4）：234-239.

[35] 李占君，刘运伟，马珂，等. 响应面优化紫苏籽油超声提取工艺研究 [J]. 森林工程，2020，36（2）：67-72.

[36] 刘鑫，朱丹，牛广财，等. 沙棘籽油微胶囊化的乳化工艺 [J]. 食品工业，2020，41（2）：101-105.

[37] 姚娜娜，车凤斌，李永海，等. 沙棘的营养价值及综合开发利用概述 [J]. 保鲜与加工，2020，20（2）：226-232.

[38] 季诗誉. 柑橘果实黄酮类物质的降糖活性研究 [D]. 杭州：浙江大学，2019.

[39] 晏敏，周宇，贺肖寒，等. 柑橘籽中柠檬苦素及类似物的生物活性研究进展 [J]. 食品与发酵工业，2018，44（2）：290-296.

[40] 侯丽秀. 花椒籽油的化学计量学分类及脂肪酸产地差异研究 [D]. 咸阳：西北农林科技大学，2019

[41] 韩莎莎，任鹏飞，杨斌，等. 花椒籽油的提取工艺、化学成分及应用研究进展 [J]. 山东化工，2019（16）：88-89.

[42] 杨滔，钟志桦，冯玉新，等．酸枣仁保健食用油的开发研究［J］．安徽农业科学，2017，45（21）：96-98.

[43] 刘乐，范建凤，赵二劳．酸枣仁油提取及其抗氧化活性研究现状［J］．山东化工，2018（12）：65-66.

[44] 杨婷茹．葡萄籽油生产工艺优化及其微胶囊化［D］．西安：陕西师范大学，2019.

[45] 王盈盈，侯圣群，张海峰，等．葡萄籽油生物活性的研究进展［J］．沈阳药科大学学报，2018，35（11）：989-994.

[46] 侯双瑞．烘焙对杏仁油氧化稳定性影响的研究［D］．长沙：中南林业科技大学，2018.

[47] 岳惠惠．新疆栽培杏主要品种杏仁的营养品质测定和分析评价［D］．喀什：喀什大学，2020.

[48] 朱明月．番木瓜种子提取物异硫氰酸苄酯对肝癌细胞恶性行为的影响及其作用机制［D］．海口：海南大学，2015.

[49] 张健唯，安娜，张智，等．番木瓜籽油的功效及提取方法研究进展［J］．绿色科技，2017（14）：269-270.

[50] 李旭莹，石珂心，王凯杰，等．不同提取方法对樱桃仁油品质的影响［J］．中国油脂，2016，41（3）：36-40.

[51] 石珂心．樱桃仁油的提取及其氧化稳定性研究［D］．西安：陕西师范大学，2015.

[52] 王雁．石榴籽油提取工艺及抗氧化性研究［D］．成都：西华大学，2014.

[53] 冯晓慧，张立华，吕慧，等．石榴籽油研究进展［J］．枣庄学院学报，2018，35（5）：83-88.

[54] 陈选．黄秋葵籽油的提取工艺及其氧化稳定性研究［D］．长沙：中南林业科技大学，2016.

[55] 王金亭．黄秋葵籽油的研究进展［J］．中国油脂，2019，44（2）：19-26.

[56] 袁继红，于晓明，孟俊华，等．含南瓜籽油膳食对2型糖尿病患者糖脂代谢及营养状况的影响［J］．海南医学，2016，27（4）：531-533.

[57] 乔永月．南瓜籽油对运动员运动耐力及糖代谢能力的影响［J］．中国油脂，2020，45（6）：102-105.

[58] 胡滨，陈一资，苏赵. 西瓜籽油辅助降血脂功能研究 [J]. 中国油脂，2017，42（2）：56-62.

[59] 张文文，杨敬辉，吴琴燕，等. 西瓜籽油提取工艺优化及稳定性研究 [J]. 江苏农业学报，2013，29（6）：1520-1522.

[60] 戴森，付云芝，张玉苍. 棕榈油的改性研究进展 [J]. 安徽农业科学，2013，41（5）：2277-2278+2282.

[61] 刘雪. 超声波对棕榈油性质的影响及其应用研究 [D]. 天津：天津科技大学，2012.

[62] 董家合，刘辉，张莹，等. 水酶法提取椰子油的工艺条件优化 [J]. 中国油脂，2019，44（5）：1-4.

[63] 沈晓君，李瑞，邓福明，等. 初榨椰子油在烘焙食品中的应用 [J]. 中国油脂，2019，44（8）：147-149.

[64] 张素英，何林. GC-MS对不同提取法的牛油果油化学成分的分析 [J]. 食品工业，2016，37（6）：284-287.

[65] 崔晓冰. 油梨油的制备及油梨粕蛋白的提取和性质研究 [D]. 南昌：南昌大学，2015.

[66] 王俊国，袁泰增，陈书曼，等. 超高压提取月见草油工艺条件的优化及理化性质的研究 [J]. 粮食与油脂，2019，32（11）：26-30.

[67] 罗婧，刘继永，侯召华，等. 超临界CO_2萃取法与水蒸气蒸馏法提取月见草油成分的GC-MS分析 [J]. 保鲜与加工，2015，15（1）：49-53.

[68] 马金魁，李珂，韦炳墩，等. 百香果籽油超临界CO_2萃取工艺优化及其体外抗氧化活性 [J]. 食品与机械，2017，33（7）：155-159.

[69] 刘松奇，戢得蓉，段丽丽. 水酶法提取百香果籽油工艺优化及其抗氧化性研究 [J]. 四川旅游学院学报，2020（3）：26-31.

[70] 刘金凤，张倩茹，尹蓉，等. 文冠果油成分及加工工艺的研究进展 [J]. 农产品加工，2018（16）：69-71.

[71] 常志娟，李红，卜琳斐. 冷、热榨文冠果油品质比较分析 [J]. 中国油脂，2019，44（10）：121-123.

[72] 史亚静，葛柳凤. 不同制作工艺对猪油理化与风味品质的影响 [J]. 肉类研究，2020，34（4）：40-45.

［73］ 王依婷，查圆圆．猪油中磺胺类药物残留量检测研究［J］．粮食与油脂，2020，33（4）：88-91.

［74］ 刘琳，谢勇，刘越，等．低胆固醇牛油的制备及其理化性质分析［J］．食品与发酵工业，2020，46（22）：187-195.

［75］ 刘佳敏，何新益，刘晓东，等．精炼对牛油主要理化指标及挥发性成分的影响［J］．食品与机械，2020，36（4）：62-67.

［76］ 李莉．羊脂精炼及粉末技术的研究［D］．乌鲁木齐：新疆农业大学，2010.

［77］ 李莉，巴吐尔，李远．响应面法优化羊油脂粉末工艺条件研究［J］．新疆农业大学学报，2010，33（1）：61-65.

［78］ 薛淼，何新益，李旭，等．鸡油加工过程中产品品质的变化［J］．食品与机械，2019，35（2）：163-166.

［79］ 李向阳，赵飞，孙思远，等．鸡油的化学成分及制备工艺研究［J］．粮油食品科技，2017（3）：44-47.

［80］ 龙霞，宁俊丽，黄先智，等．鸭油的体外抗氧化活性分析［J］．食品科学，2020，41（5）：49-56.

［81］ 宁俊丽，龙霞，黄先智，等．响应面法优化鸭油超声波提取工艺［J］．食品与发酵工业，2019，45（8）：184-190.

［82］ 丁凌玉，汪艳蛟，马晓慧，等．深海鱼油对血脂异常人群的血脂和血糖影响［J］．营养学报，2020，42（1）：25-29.

［83］ 李莉珊，马琼锦，裴益玲，等．鱼油对PM2.5所致心血管炎性和氧化损伤拮抗作用［J］．中国公共卫生，2015，31（6）：767-770.